Arnaud Zohou, La médiation scientifique, Paris, Presses des Mines, Libres opinions, 2015.

60, boulevard Saint-Michel - 75272 Paris Cedex 06 - France

presses@mines-paristech.fr

www.pressesdesmines.com

ISBN : 978-2-35671-366-7

Dépôt légal : 2015

Achevé d'imprimer en 2015 (Paris)

La médiation scientifique

Collection Libres opinions

Dans la même collection

Pierre-Antoine Chardel, Brigitte Frelat-Kah, Jan Spurk
Espace public et reconstruction du politique

Malo Carton, Samy Jazaerli
Et la Chine s'est éveillée

Franck Guarnieri (dir.)
L'accident de Fukushima Dai Ichi

Fantine Lefèvre, Bogdan Popescu,
Le Crowdfunding à la française

Carl Djerassi,
La Science au théâtre

Édouard Hatton, Sophie Letournel, Arthur Stril,
Hôpital, Vers une réforme réussie

Samia Buisine, Benoit Jourjon, Benoît Malapert,
Les fonds souverains

Aurélien Gay, Marc Glita,
Le système électrique européen

Bernard Guy,
Deuxièmes ateliers sur la contradiction

Stéphane Calpéna, Laurent Guérin, Yves Le Yaouanq,
Les grandes entreprises et la base de la pyramide

Henri Lagarde,
France – Allemagne

Valérian Pham Ngoc, Gilles Tauzin,
Liberté, (in)égalités, hérédité

Vincent Bastien, Pierre-Louis Dubourdeau, Maxime Leclère,
La Marque France

Lydie Evrard, Ronan Venetz,
Réussir ses projets en Russie Coordination

Bernard Guy,
Ateliers sur la contradiction

Frédéric Baudouin, David Parlongue,

La Faim dans le monde

Julie Dubois, François Rousseau,

Fascinantes nanotechnologies

Benjamin Huteau, Jean-Yves Larraufie,

Le Modèle suédois, un malentendu ?

Aurélie Bray, Soraya Thabet,
Les phénomènes migratoires, un défi pour la France ?

Thomas Houdré, Mathias Lelièvre,
Délocalisations - Acte II

Sébastien Dessillons,Thomas Maurisse,
Les Nouveaux conquérants

Philippe Thaure,
Pechiney ?… Vendu !

Benjamin Frémaux, Clémentine Marcovici,
Stratèges d'entreprise

Olivier David, Adeline Fabre,
Les Économies d'énergie dans l'habitat existant

Emmanuel Farhi, Nicolas Lambert,
Les Entreprises face à la politique européenne de la concurrence

Mourad Haddad et Arnaud Tomasi,
Le haut débit

La médiation scientifique

Arnaud ZOHOU

MINES
Saint-Étienne

Remerciements

Je remercie vivement pour leurs relectures commentées Christine Berton et Marie-Christine Bordeaux, ainsi que Laurent Chicoineau, Olivier Moch et Marie Zohou pour leurs retours critiques.

Je remercie évidemment la belle équipe du centre de culture scientifique, technique et industrielle La Rotonde de l'École des Mines de Saint-Étienne, dont j'ai eu l'honneur d'être le directeur entre 2009 et 2015, et que je salue pour tout ce qu'ils m'ont apporté : Céline Neau, Christine Berton encore, Christine Fayolle, Émilie Renaude, Emmanuel Baroux, Guillaume Desbrosse, Julie Fortin, Kévin Fauvre, Théo Drieu, Valérie Harvey. Ce livre est tout entier né de l'expérience Rotonde, et des multiples projets souvent heureux menés par le CCSTI durant ces six années. Mes remerciements s'étendent donc à toutes les personnes que j'ai pu croiser pendant le temps de cette direction, dans le champ de la culture scientifique ou lors des partenariats, avec lesquelles nous avons partagé des expérimentations et des discussions qui m'ont toujours enrichies.

Je remercie enfin l'assemblée des auteurs conviés dans ces pages, de sensibilités diverses et d'horizons parfois insolites pour un tel sujet, mais dont le rapprochement a contribué à produire l'étincelle à l'origine de ce livre, de par leurs éclairages *radiants* sur la question de la médiation [scientifique].

Passage, ou du bon usage d'une crise

La médiation scientifique traverse-t-elle en propre une crise ? Auquel cas, s'agit-il d'en préserver les acquis menacés, de retrouver les fondamentaux perdus, d'étendre ce qui existe, ou d'envisager une recomposition inédite du champ exigée par un environnement contemporain qui en transforme sensiblement les structures comme les modalités de déploiement ?

Il y a trente ans en France, le physicien Jean-Marc Lévy-Leblond validait intellectuellement par une formule qui fit florès, « la mise en culture des sciences[1] », un mouvement porté politiquement par Hubert Curien, alors ministre de la Recherche, et lancé concrètement quelques années auparavant par des acteurs de l'éducation populaire : celui de la Culture Scientifique, Technique et Industrielle[2]. Devenus aujourd'hui *historiques*, des acteurs émergeaient alors, défendant une CSTI *généraliste* avec ses bataillons d'animateurs et de médiateurs scientifiques développant une approche culturelle des sciences en prise avec la société. Ainsi, faisant suite aux clubs scientifiques, des associations de type « Les petits débrouillards », ou les Centres de Culture Scientifique, Technique et Industrielle (CCSTI), s'imposaient-ils en complément de lieux plus *thématiques* comme les Muséums ou les Planétariums.

Trente ans plus tard, tout semble à redéfinir. En effet un peu partout on tâtonne, on expérimente, on projette, c'est dans l'air du temps. Les coupes budgétaires à presque tous les échelons des dépenses publiques obligent certes à travailler différemment, et l'on s'y plie, elles suivent toutefois un mouvement plus profond de réinvention de la médiation. Un peu partout, on sent les changements à l'œuvre, souvent grâce aux crispations liées à toute mutation. Mais les conservatismes prévisibles en des temps agités ne cachent pas cette recherche d'un nouveau souffle à travers les nombreuses tentatives de réinvestir les pratiques et de refonder le partage des sciences.

On théorise toutefois peu. La faiblesse de la réflexion des acteurs historiques de la médiation scientifique eux-mêmes, en perte de recettes, amplifie la difficulté du renouvellement des questionnements et des propositions que le politique souvent dénué de vision attend, et qui, faute de les voir arriver, se tourne vers d'autres interlocuteurs, à la périphérie ou partenaires du champ. Ces meneurs récemment investis de la mission vulgarisatrice, comme l'Université ou l'Entreprise, ont depuis longtemps leur place dans le monde de la culture scientifique. Ils risquent

---

1 Jean-Marc LÉVY-LEBLOND, 1986. *Mettre la science en culture*. Éditions Anais, Nice.

2 CSTI : nous commencerons par considérer la CSTI comme le déploiement opérationnel de la médiation culturelle appliquée aux sciences, la médiation scientifique, et qui s'appuie sur les concepts que cette dernière élabore. En ce sens, la CSTI est la forme spécifique que prend la culture scientifique, bien plus ancienne, au tournant des années 1980 en France, où elle est clairement présentée comme un *enjeu national* sur l'ensemble du territoire.

cependant avec cette nouvelle charge de réinventer la poudre de la médiation, plutôt que de fabriquer celle d'aujourd'hui et de demain, s'ils ne parviennent à travailler en bonne intelligence avec les forces jusqu'alors habilitées de la CSTI, lesquelles sont de plus en plus fréquemment dénigrées.

Notre réflexion s'élabore donc à un moment où, depuis quelques années, une méfiance diffuse des politiques est perceptible à l'encontre des agitateurs reconnus de la médiation scientifique. Cette défiance a une cause majeure déclarée, parmi les raisons généralement évoquées : la déception quant au bilan de la CSTI qui a connu une forte expansion depuis le début des années 1980 et bénéficié de financements conséquents, bien qu'inégaux selon les territoires. *Pour quels résultats ?* demandaient déjà Bernard Maitte et Etienne Guyon en 2008[3], rappelant que « les CCST ont été créés pour aider les citoyens à mieux connaître et évaluer les enjeux de la société en proposant une information de base et un cadre de dialogue autour des sciences », ceci afin d'aider à « évaluer de manière plus lucide les enjeux culturels, économiques, sociaux, éthiques des développements technoscientifiques ».

Cette mise en fragilité de la CSTI par les instances dirigeantes en charge de ce dossier se pare d'une certaine conformité, car l'utilisation des fonds publics - en période de contraintes budgétaires particulièrement -, demande une justification traduite en retours sur investissement, évaluables à moyens voire à courts termes. C'est du moins ainsi que l'État stratège, comme il se nomme - dans son droit et selon son calendrier -, conçoit aujourd'hui ses placements culturels.

En ce qui nous concerne, l'accusation d'inefficacité lancée en filigrane par la sphère politique envers la CSTI (alimentée opportunément par certains acteurs du champ ou hors champ) reste pleinement à questionner, d'autant qu'elle est portée par un mouvement contradictoire que l'on pourrait qualifier en langage psychologique de pervers, car exprimé sous la forme d'une double injonction : faire encore plus de CSTI, surtout depuis qu'hante à nouveau chez nous le spectre de l'obscurantisme, avec toujours moins de moyens et si possible sans les acteurs spécialisés de la médiation. Mais la dénonciation même habile peut viser autre chose qu'un simple procès en incompétence, et masquer une toute autre déroute. Ce que signifie un tel grief, il s'agit ici de l'analyser et de l'évaluer en retour. Contentons-nous de dire au passage que parmi les échecs aux missions plus ou moins implicites confiées à la CSTI sur lesquels nous reviendrons brièvement, l'un d'entre eux est brandi avec une régularité significative dans les déclarations officielles : il s'agit de l'incapacité à endiguer la désaffection des carrières scientifiques par les jeunes, plombant la productivité à brève échéance, l'avenir concurrentiel, et plus généralement le modèle « à la française » de l'excellence scientifique et technologique. Toutefois ce constat, partiellement avéré selon les disciplines, est-il à imputer à une défaite de la

3 Bernard MAITTE et Étienne GUYON, 2008. « Le partage des savoirs scientifiques », *La revue pour l'histoire du CNRS* [en ligne, 2010, http://histoire-cnrs.revues.org/8322].

culture scientifique dans son ensemble (comme champ), de ses acteurs ou certains d'entre eux en particulier, de l'institutionnalisation de la culture[4] scientifique et de la professionnalisation inefficace de ses agents, ou plus largement à un affaiblissement d'une politique en décalage avec la société, dont la CSTI dans sa part officielle aurait été le reflet ou le prolongement ? Autre hypothèse rarement explorée, et aux conclusions inverses : et si la CSTI avait permis de modérer plutôt que d'accompagner, impuissante, la désaffection des élèves pour les filières scientifiques ?

Le procès en illégitimité contre la CSTI, certes variable sur le terrain selon les territoires et probablement plus doctrinal que pratique, s'annonce d'abord et comme à l'ordinaire par un glissement sémantique. En l'occurrence, ce glissement est opéré à partir des textes puis des directives européennes, pour s'insinuer *in fine* dans les discours nationaux. Là, entre Bruxelles et Strasbourg, on parle peu ou plus de culture scientifique et de sa diffusion vers la société. On devise de la promotion du dialogue Science & Société, ou de l'infusion de la Science dans la Société, ou de l'engagement de la Science avec et pour la Société[5]. La différence est de taille. Ici, les déclinaisons hexagonales des injonctions européennes tentent d'interpréter ces *données d'entrée* dans des axes programmatiques où se concentrent les budgets, déployés ensuite dans les territoires à travers des schémas directeurs et des plans de mandat, illustrés par une série d'actions prioritaires portées par des structures locales dès lors soutenues financièrement, grâce à des projets d'envergure permettant d'enclencher la cascade des subventions de plus en plus favorables aux seuls acteurs capables de comprendre, gérer, et s'inscrire dans cette verticalité technocratique. Avec pour effet dans le champ qui nous intéresse, de faire méthodiquement de la CSTI une partie de plus en plus négligeable de l'échange entre les sciences et la société. Sciences & Société : le choix du vocabulaire est remarquable, car il n'est pas dénué de fondement, d'à-propos, ni d'intérêt.

4 Ceci dans un pays où la professionnalisation et l'institutionnalisation de la culture, depuis le début des années 1980 justement (la CSTI a ainsi profité pleinement des années Lang - Mitterrand), est devenue une marque de fabrique : l'exception culturelle française. Certes protectrice et vertueuse à maints égards, cette exception a précipité dans le monde de la Culture, où la passion, l'inspiration et l'engagement sont généralement des moteurs, un ensemble d'acteurs venus faire carrière, produisant des « œuvres » largement subventionnées mais dont l'impact sur la société dans et hors nos frontières reste particulièrement faible. Favorisant ainsi la constitution d'un *milieu* autoréférentiel, où la vie culturelle a depuis longtemps pris le pas sur la culture vivante, restée là où elle s'épanouit véritablement : à la marge.

5 Évolution de la terminologie dans les programmes européens : *Science And Society* (FP6, 2002-2006, programme cadre dans lequel une autre formule fut employée avec succès, « l'économie et la société de la connaissance », « *knowledge-based economy and society* ») ; *Science In Society* (FP7, 2007-2013) ; *Science With And For Society* (Horizon 2020, 2014-2020, avec pour cadre la RRI, Recherche et Innovation Responsables, section où se *collisent* quelques grands sous-thèmes : l'éducation aux sciences, l'engagement des citoyens, l'éthique, l'*open access* et le genre).

L'évolution lexicale adoptée oriente effectivement vers une minimisation de la *mise en culture* des sciences, des techniques et de l'Industrie, en faveur d'une *promesse* de leur *mise en débat*. Dont acte. Cette incitation à promouvoir une autre valorisation des sciences est-elle pour autant un changement radical de positionnement, ou fonctionne-t-elle plus comme un slogan porteur, une tactique du marketing politique ? Le changement sémantique souligne en effet moins l'émergence d'un nouveau paradigme qu'une sorte d'inversion des pôles – pour ainsi dire - au sein de la médiation scientifique même. Il ne s'agit pas d'une rénovation en profondeur des analyses, des contenus et des enjeux du domaine, à laquelle le texte semble prétendre, mais plus prosaïquement de la mise en avant de dimensions et d'actions de médiation qui existent de longue date, toutefois peu visibles jusqu'alors car idéologiquement inutiles et par conséquent financièrement mal considérées.

La société, la place des sciences, et donc leur rapport de force aujourd'hui changent : c'est en somme ce que racontent simplement les recommandations européennes en matière de CSTI, et dispensent - dans une *nov'langue* dont elles sont friandes - sous le chapeau de la RRI (Recherche et Innovation Responsables). La mise en culture, la vulgarisation, la transmission ou la diffusion des sciences, si elles restent commodes et ne doivent pas forcément être abandonnées, passent clairement au second plan par rapport à la mise en débat des sciences, qui loin d'être une proposition originale, est en fait une valeur originelle parfaitement énoncée par ses premiers promoteurs, devenue urgente et essentielle. L'époque le demande, l'époque l'ordonne. En partie donc, il s'agit de rebattre les cartes d'un même jeu, en y ajoutant de nouveaux facteurs : à savoir la compréhension d'un environnement qui bouge rapidement, où le centre de gravité devenu mouvant et *ubique* n'est plus aisément perceptible, où échanger au sein d'écosystèmes prend le pas sur la communication entre systèmes fermés d'expertises, où le systémique prime donc sur le systématique. Curieusement, personne n'est choqué par l'incongruité de voir la verticalité administrative que nous venons de pointer applaudir ainsi une certaine horizontalité *sociétale* devenue insistante, présageant d'emblée une difficulté opérationnelle inévitable que nous retrouverons à d'autres échelons. Car par une aberration architecturale évidente, la structuration même de l'édifice empêche l'usage pour lequel il a été édifié[6]. Par ailleurs, un autre front sur lequel nous nous attarderons ultérieurement s'ouvre à l'ouest, et vient renforcer le ballotage défavorable de la culture scientifique menacée de *ringardisation*, et dont le nom même est soumis à contestation : l'arrivée

6 Afin d'éclaircir cette image par une autre image : dans les années soixante-dix à Dakar au Sénégal a été construit en plein centre-ville l'Hôtel de l'Indépendance célébrant la fin de la colonisation. Le bâtiment aux atours prestigieux a toutefois rapidement été négligé. Il est aujourd'hui fermé et désaffecté. Au-delà d'être une métaphore historique et politique sur les échanges entre la France et ses anciennes colonies, l'Hôtel de l'Indépendance est un exemple d'édifice dont la *structuration*, c'est-à-dire le *projet* (réel *et* symbolique) autant que l'*armature*, non seulement n'a jamais été adaptée aux fonctions pour lesquels elle a été destinée, mais encore a participé à empêcher la réalisation des objectifs affichés. L'artiste Kader Attia en a fait, à l'aide de casiers administratifs renversés imitant l'architecture curieuse de l'immeuble, une réplique miniature saisissante et synthétique présentée à la dernière Biennale Dak'ART 2014.

du numérique et de sa cavalerie de nouvelles appellations contrôlées, ou plutôt son *implémentation.* Ainsi la *culture de l'innovation*, la *société de la connaissance*, les *communautés numériques*, les démarches *citoyennes*, autant de vocables usés par les acteurs de la CSTI mais rarement pensés. L'utilisation aveugle de ce répertoire appartenant plutôt à la sociologie ou à la didactique empêche certains de la médiation, par manque d'attention aux concepts et d'ouverture pluridisciplinaire, de bien s'en saisir et donc de correctement les manipuler. Nous évoquons ce front ici pour faire écho à notre précédente remarque sur les édifices inadéquats car mal bâtis, le résultat des projets numériques étant régulièrement contreproductif malgré des actions hautement qualitatives. Faute de réflexion fondamentale, ils produisent ainsi souvent des effets éloignés des intentions défendues avec sincérité et des buts opportunément annoncés : rapprocher les jeunes des sciences, inclure les publics distants dans la société de la connaissance, consolider la citoyenneté, favoriser les rencontres pluridisciplinaires. Nous y reviendrons.

On assiste donc à une dilution progressive de la CSTI, d'un côté dans le dialogue Sciences et Société, de l'autre dans la culture de l'innovation et du numérique, voire dans l'utilisation presque admise de son pluriel dans les communications officielles, où l'on évoque *les cultures scientifiques*[7]. Ceci avec des effets très concrets et parfois destructeurs, car la CSTI n'en est pas pour autant soluble. Un des résultats sensibles est son portage politique de moins en moins identifié, autrefois assumé essentiellement par un seul ministère, celui de la Recherche, et désormais réparti dans plusieurs instances (la culture scientifique est devenue une compétence régionale, assumée selon les cas par différents services : culture, enseignement supérieur, éducation…). Là encore, tout cela est réalisé avec une certaine justesse, car prenant pleinement en compte l'idée forte d'une CSTI de nature transversale, transdisciplinaire, que nous défendrons plus loin. L'indécision de la représentation politique accentue toutefois le risque de noyade de la CSTI par dissolution des responsabilités, surtout lorsque le discours qui l'accompagne prône sans cesse l'importance de la culture scientifique sans en défendre les acquis principaux, ni s'appuyer sur ses réussites. Ainsi est justifiée la réduction graduelle des moyens, et favorisé un éclatement des porteurs du projet de la médiation scientifique entre des représentants qui revendiquent leur légitimité propre par la seule prédation des ressources disponibles, plutôt que la nécessité d'œuvrer plus largement ensemble. L'autre résultat non moins inquiétant est la disparition de certaines organisations au label emblématique, comme le CCSTI de Marseille il y a quelques années, puis, plus récemment, celle de la section des Petits Débrouillards en Rhône-Alpes, ou encore et à une autre échelle l'absorption du Palais de la Découverte et de son esprit par la Cité des Sciences sous une même appellation qui laisse rêveur quant à la tentation hégémonique, *Universcience.* Le tout éclaire les transformations à l'œuvre par-delà les ajustements structurels que la conjecture de crise impose.

7 Maud OLIVIER et Jean-Pierre LELEUX, 2012. *Faire connaître et partager les cultures scientifique, technique et industrielle : un impératif.* Les rapports de l'OPECST, Éditions de l'Assemblée Nationale.

Que certaines structures s'éteignent peut toujours passer pour un processus d'épuisement et de régénération naturel et sain, les symboles n'en posent pas moins question eu égard au contexte de fragilisation globalisée.

Après avoir dirigé pendant six riches années le CCSTI La Rotonde, à l'École des Mines de Saint-Étienne, au sein d'une équipe engagée, ce court texte est donc une tentative d'apporter quelques réflexions qui ne prétendent pas exposer une vérité définitive, mais un regard – formé par la philosophie et non par la science –, et d'envisager des pistes de réflexions et de travail pour maintenir vivace la flamme de la CSTI. Son objet n'est pas de faire un état des lieux, réalisé par ailleurs continuellement et collectivement par les structures ou leurs groupements[8], ni une évaluation critique des actions menées ou un jugement sur le passé pertinent à bien des égards. L'ouvrage, dont la forme éloignée de toute étude universitaire serait celle, hybride, d'une «philosophie de l'occasion»[9], aimerait dégager quelques voies d'un ressourcement nécessaire, en montrant une médiation légitime certes, mais surtout terriblement cruciale à un moment où d'épaisses transitions redessinent nos sociétés en général, en particulier dans leur rapport aux sciences et aux techniques.

Il s'agit donc d'établir quelques prolégomènes à de nouveaux élans en cours et à venir. En quoi la médiation scientifique a une signification, un rôle et un impact pour et dans un monde agité de nombreux démons ? Pourquoi certaines valeurs, comme l'éducation populaire, la laïcité, la culture de tous et pour tous, prennent un sens neuf, qui réclame, nous le validerons, une profonde et véritable mise en discussion des sciences ? Au-delà de l'unité nationale, il devient pressant aujourd'hui plus qu'avant de promouvoir un débat national, c'est-à-dire donner la parole à chacun, être capable d'écoute, de réflexion et de discussion, de remise en cause et en perspective, afin d'agir autrement. Cela passe, c'est du moins la thèse de ce livre, par une affirmation plus forte du concept, de la culture et de l'exercice de la médiation, que d'aucuns ont dans le champ même de la CSTI quasiment abandonné. En assemblant dans ces pages diverses références, nous aimerions de par leur rapprochement hétérodoxe tisser une nouvelle étoffe à la médiation à caractère scientifique dans toute son étendue pluridisciplinaire, afin de ranimer ses valeurs philosophique, pratique et politique. Ne soyez donc pas étonnés, dans cette défense et illustration de la médiation, de vous trouver parfois en compagnie de poètes, d'anthropologues ou de philosophes, voire de vous promener sous les auspices éclectiques de dieux messagers.

---

8 Ce sont les rapports d'activités que produisent chaque année les entités, mais aussi des opérations régulières de type «Se compter pour mieux compter» portée par l'AMCSTI (Association des Musées et Centres de Sciences), et qui vise à chiffrer les effectifs, les moyens et les publics de la CSTI au niveau national.

9 Soit selon Günther ANDERS (1956) «une façon de philosopher qui prend pour objet la situation actuelle… (et dont le) ton puisse être intelligible au plus grand nombre», in *L'Obsolescence de l'homme*, tome 1, *Sur l'âme à l'époque de la deuxième révolution industrielle*. Éditions Ivréa et de l'Encyclopédie des Nuisances, Paris 2002.

Français, encore un effort pour être citoyens

L'altération accélérée du lien entre les sciences et la société ces deux dernières décennies est un point consensuel. La perception équivoque des techno-sciences, mais également des enjeux de la recherche scientifique, progresse chez les citoyens : sidération face aux catastrophes environnementales, manque de confiance dans la communication institutionnelle dont les motivations restent souvent opaques, questionnements sur les choix technologiques et leur utilisation, la société saturée d'informations porte un regard confus sur une science jadis triomphante, et demande – parfois radicalement – un dialogue plus sincère, quand ce n'est une place dans la recherche, comme le révèle l'émergence de sciences dites participatives. Face à cette donne, il s'agit de trouver un équilibre entre l'expertise des scientifiques, la dynamique sociétale et les politiques des territoires auxquelles les habitants veulent aujourd'hui être associés. Or l'exploration de cet équilibre relationnel dynamique est, ou devrait être – c'est là notre propos –, le terrain d'expérimentation privilégié de la médiation scientifique dans toutes ses dimensions contemporaines.

Alors que les Centres de sciences sont encore des lieux de confiance pour le public, la médiation des savoirs scientifiques dans son volet opérationnel est ainsi confrontée à des défis inédits, et requiert l'entretien d'un état d'esprit et le renforcement de certaines compétences singulières avec des partenariats élargis. Les mutations obligent à repenser la place des métiers de la vulgarisation et de la valorisation scientifiques, tels qu'ils avaient été résolus il y a plus de trente ans. La mise en débat, nous l'avons souligné, devient plus décisive que la mise en culture des sciences, la question de la relation plus prégnante que celles de la diffusion ou de la transmission. En effet, ces métiers culturels évoluent, en tenant compte de la difficulté croissante des projets d'ingénierie et d'innovation technologique et industrielle qui doivent être partagés avec les publics, et du poids des aspects sociaux, environnementaux et des facteurs humains jusque dans la recherche et l'industrie. Il importe de faire s'épanouir de nouvelles qualités au cœur de la médiation pour mettre en valeurs communes ce qui pousse les partenaires scientifiques, économiques et culturels à établir des processus de *co-conception* qui se substituent aux traditionnels schémas par compétences ou par disciplines. Ainsi se développent des actions collaboratives et pluridisciplinaires, dont la complexité demande à être accueillie, saisie et animée en résonance avec les publics. Les médiateurs confrontés de plus en plus fréquemment à ces configurations mettent en synergie des pratiques et des savoirs parfois lointains mais souvent complémentaires, où ingénieurs, designers, artistes, créatifs, entrepreneurs, collectivités œuvrent ensemble pour répondre aux attentes et contraintes d'un monde devenu plus instable, en intégrant parfois, bien qu'encore trop rarement, les *usagers*, citoyens, habitants.

Si ce diagnostic est partagé, le bon droit des acteurs historiques de la CSTI à porter cette médiation *augmentée* est ébranlé par certains discours politiques et les actes qui y sont associés. Or l'enjeu que constitue l'inclusion active des publics dans l'élaboration et la réalisation de projets qui généralement les concernent comme *cibles*, le cœur en somme d'une innovation sociale réussie, reste le défi central de la médiation dans sa modernité, le terrain d'où elle tire son unicité et sa vigueur. Car l'attention concrète aux *vrais gens* au sein de notre société, à propos des questions à caractère scientifique, technique et industriel dont la portée touche fortement voire violemment chacun dans sa vie quotidienne, est aussi délicate qu'ardue, et n'est prise en charge avec une juste proximité par aucune autre organisation. Que s'est-il passé dès lors, pour que la crédibilité accordée pendant trente ans à des corps de métiers ne soit pas simplement reconduite, mais en cours graduel de transfert à des directions dont l'attention spécifique aux publics, et parmi eux aux plus *distants*, ne peut et ne saurait être ni l'office, ni l'objectif ?

La désertion des études scientifiques par les jeunes est, nous l'avons relevé, un des arguments opposés pour justifier la perte insidieuse de confiance en la CSTI. Il n'est donc pas inutile de rappeler plusieurs forces également à l'œuvre dans cette démobilisation constatée.

La première est purement matérielle, en dehors de toute considération qualitative. Elle touche la rémunération des chercheurs et le financement des laboratoires en France, donc la perspective de carrières et les moyens d'une recherche encore très majoritairement publique. Leur relative modestie, dans un univers concurrentiel et fortement disparate selon les pays, a détourné longtemps des élèves prometteurs et ambitieux, puis les diplômés des filières scientifiques fondamentales, vers d'autres horizons : qu'il s'agisse du choix de professions et de secteurs autrement lucratifs (la finance, la médecine, etc.), ou dans celui d'un pays étranger où les contextes de travail peuvent se révéler plus stimulants. La seconde, préoccupante, touche à la formation, qu'elle soit initiale ou spécialisée. Les réformes importantes de l'enseignement qui se succèdent à grande vitesse depuis les années 1970, en dehors de la difficulté des professeurs à les suivre et les appliquer avec le rendement attendu, ont affecté principalement des matières, des modes d'apprentissage ou des parties du programme qui favorisaient le développement de l'esprit critique. L'environnement familial, social et culturel immédiatisé par les écrans renforcent par ailleurs ce phénomène de nos jours. Ainsi pour exemple l'abandon et la réhabilitation périodique de méthodes de lecture ; la concentration du temps de travail[10] ; le code binaire de correction (juste/faux) et le type d'évaluations dès le plus jeune âge ; le renforcement de l'apprentissage des techniques de calcul pour des mathématiques conçues comme du maniement de symboles et non comme

10 Lors de la réforme de l'enseignement primaire portée par Xavier Darcos en 2008, réduisant la semaine à 4 jours sur 36 semaines, l'année scolaire française est devenue la plus courte de l'OCDE tout en ayant l'un des plus grands nombres d'heures de classe.

une activité de résolution de problèmes; l'abandon de la morale dans l'Instruction civique et morale; l'incohérence des programmes en matière de sciences au collège notamment, avec des objectifs qui se veulent ambitieux mais qui souffrent d'une faible rationalité des contenus; l'absence depuis 2009 de l'enseignement de l'Histoire en terminale scientifique; les fréquentes attaques contre l'enseignement de la philosophie; et quel que soit le niveau, les classes surchargées qui poussent aux pédagogies descendantes et limitent la capacité de déployer des approches originales, voire tout simplement le travail par équipe et par projet... Autant d'éléments parmi d'autres qui, entremêlés, fragilisent la fabrication d'individus autonomes capables de penser par eux-mêmes. À travers la vision mécaniste des apprentissages, où les activités de mémorisation et d'entraînement remplacent celles de découverte favorisant l'épanouissement de l'élève, sont récompensés dans le cursus plutôt celles et ceux qui possèdent de bonnes facultés à apprendre par cœur, et de l'habileté à réciter des connaissances souvent déconnectées de leur réalité ordinaire, sans parler de leur sensibilité. Ce n'est donc pas tant le niveau des élèves qui s'étiole de prime abord, que l'exigence et les moyens donnés à un enseignement de qualité pensé pour la majorité. Avec les conséquences que l'on déplore sur les parcours scolaires, et les contrecoups sur les individus dont le formatage inévitable est paradoxalement plus tangible encore parmi les «élites».

En effet, ces problématiques retentissent sur l'instruction supérieure, sans épargner le système pourtant préservé des Grandes Écoles. L'embarras ne porte pas sur les aptitudes intellectuelles des très bons élèves qui atteignent les filières scientifiques d'excellence, mais sur leur comportement, leur savoir-être, leur ouverture au monde. La curiosité, la souplesse d'analyse, l'acceptation des erreurs salutaires, la culture générale, le goût de l'expérimentation et de l'aventure spéculative ou industrielle, bref ce qui constitue au fond l'armature de la démarche scientifique dans toute sa profondeur, sont en cours de raréfaction chez nombre d'étudiants en France, dont les talentueux élèves-ingénieurs à l'entendement efficace mais souvent rigide, trop tôt rassurés quant à leur carrière. Le nivellement intellectuel se double de nos jours - et pour cause - d'un nivellement social qui semble lui répondre en écho (de moins en moins d'élèves issus de milieux modestes intègrent les hautes études), coupant l'Enseignement Supérieur de la richesse vigoureuse qu'amène toute mixité d'histoires, d'horizons et de réceptivités partagées. La consanguinité dans la reproduction sociale entraîne aussi de bien tristes effets. Ainsi le système d'excellence *made in France* risque à cette vitesse de former de plus en plus de *tâcherons* scientifiques de haute volée, qui finiront *planqués* dans des postes à gros salaires mais à basse valeur ajoutée, et certainement moins de *managers* ou de *leaders* comme il réussissait à le faire traditionnellement. Les audacieux ne sont plus forcément là[11].

11 Dans un entretien accordé à une journaliste du Monde, le jeune Neil Ibata qui, malgré les polémiques qui ont suivies, a co-signé à 16 ans un article sur l'astronomie dans la prestigieuse revue *Nature*, confiait son souhait de ne pas suivre plus tard le circuit universitaire français, avec le passage obligé par les classes préparatoires. «*Je n'ai pas tranché pas décidé, mais ce système ne me fait pas très envie. Je*

Face à cette tendance, le monde de l'éducation supérieure bouge dans son ensemble, quelles que soient les disciplines, conscient des difficultés dont il hérite, qu'il prolonge ou qu'il crée par ailleurs. À titre d'exemple parmi de nombreux autres, auquel simplement nous avons pu participer, la refonte du cycle historique ICM (Ingénieur Civil des Mines) initiée en 2012 à l'École Nationale Supérieure des Mines de Saint-Étienne[12]. Ce profond remodelage élaboré collectivement a mis explicitement en avant une pédagogie inventive à l'échelle hexagonale, où le parcours, l'initiative, l'éthique, bref l'engagement personnel des étudiants est pris en compte, valorisé, et devient aussi important dans leur appréciation générale que les connaissances scientifiques pointues sanctionnées par les examens courants de fin d'études. Les habitudes restent toutefois lentes à réformer.

En renversant la perspective et en tenant compte des premiers facteurs que nous venons d'esquisser, il serait temps de se demander combien les filières scientifiques seraient plus désertes encore s'il n'y avait pas eu depuis trente ans un véritable effort en faveur de la culture scientifique. En effet, sans toujours chercher des raisons extérieures, la défaillance proclamée de la CSTI depuis l'élan donné par Hubert Curien est peut-être moins une réalité ou une fatalité, comme nous en faisons l'hypothèse, qu'une gaucherie des acteurs de la médiation à expliciter leur travail, donc son besoin d'évolution. Rompus à la sensibilisation, non au sermon, au marchandisage ou à la persuasion[13], ils tentent de se justifier lorsqu'ils sont acculés. Mauvaise stratégie, qui révèle un mal-être et souvent donne raison à l'accusateur, en l'occurrence le financeur politique, aujourd'hui prescripteur. Ce dernier, en panique face aux brusques transformations qui ébranlent la société, veut la monnaie de sa pièce, des résultats et vite, malgré sa propre lenteur bureaucratique.

Convaincre le dirigeant politique reste pour les agents de la médiation scientifique une entreprise d'autant plus difficile que ce premier bénéficie, pour maintenir sa suspicion, d'un alibi très pratique: la difficulté d'évaluation rigoureuse et éloquente de la CSTI, comme de toute démarche culturelle par ailleurs, qui infuse lentement et dont les initiatives auprès des plus jeunes notamment sont rarement perceptibles de manière immédiate. L'absence de conclusions quantifiables à court terme (le

suis bien plus séduit par l'idée de travailler en groupe sur des projets que de passer mon temps seul devant mes livres et mes devoirs». http://lemonde-educ.blog.lemonde.fr/2013/01/05/fuite-des-cerveaux-le-petit-genie-a-la-une-de-nature-envisage-des-etudes-a-letranger/.

12 Impulsée par son directeur de l'époque, Philippe Jamet, qui fut auparavant conseiller scientifique à Washington (ce n'est pas anodin quant à l'inspiration anglo-saxonne de la réforme), cette refonte propose un cursus où est demandé un fort investissement personnel de l'élève dans ses études, rythmées par des projets responsables, des semaines inter-semestre, des modules *Liberal Arts* ou des actions nommées «*Challenge yourself*», et encadrées non seulement par des enseignants chercheurs, mais aussi parfois par des médiateurs du CCSTI intégré à cette Grande École.

13 Les métiers de la médiation sont d'abord ceux de la *sensibilisation* aux sciences, non de l'éducation aux sciences ou de la communication scientifique. Le médiateur n'a au fond rien à vendre si ce n'est un service (être au service). Il est par conséquent assez logique que celui-ci soit public.

temps des politiques actuelles) des actions de sensibilisation et de partage avec les publics arrange ici le critique, en position de force. Car, face au bailleur et autres tutelles, il est devenu de plus en plus difficile de défendre *coûte que coûte* la certitude que *la culture du résultat ne doit pas être le résultat de la culture.* Spécialement en ces temps de multiples restrictions. Le tarissement des moyens, s'il oblige à repenser avec bonheur la médiation (un bon usage d'une crise), s'accompagne de conséquences néfastes à l'existence d'une culture énergique qui joue pleinement son rôle dans la société. Ainsi le chantage à peine voilé fait aux organismes subventionnés pour seconder les politiques à différentes échelles, en échange des soutiens financiers présentés désormais comme privilèges. De plus en plus s'ancre ainsi l'idée libérale que celui qui paye, même avec de l'argent public, ne se contente plus de soutenir des initiatives de qualité favorables au bien commun, mais les orientent voire les commanditent ouvertement, quelle que soit sa propre compétence dans le domaine, et pourvu que ce dernier entre dans les cases définies par ses axes prioritaires et sa *dynamique de territoire.* Difficile d'échapper à la pression et à la peur de disparaître lorsqu'est réparti le gâteau congru des aides, avec prime à l'intéressement à des acteurs culturels scientifiques parfois installés dans leurs routines, sans idées directrices affirmées et en panne de convictions, qui se voient bringuebalés au gré des variations atmosphériques produites par le résultat de chaque élection.

Face à la difficulté de la CSTI à mesurer avec assurance ses effets comme à tenir un cap, le donneur de subventions peut dès lors accuser son *chien* d'avoir la rage si cela l'arrange. Par précaution, il l'enferme à l'occasion dans des grilles d'évaluation peu adaptées car conçues par et pour l'entreprise privée, afin de légitimer sa dépréciation implicite, et appliquer des sanctions qui améliorent à moindre coût (celui d'une culture qui n'est plus défendue comme un *pari sur l'avenir*) son équation budgétaire. Le mot *chien* est ici employé à propos, de par le lien que nous ferons positivement entre la médiation et les dieux psychopompes, mais aussi parce qu'il fait référence à la déception de l'éleveur politique de ne pas voir certains acteurs de la CSTI courir derrière les os qui leur sont régulièrement lancés, souvent dans des directions différentes. La tentative de dressage - qui est ancienne nous le verrons – a pour objectif de faire de la CSTI le bras articulé d'une stratégie capricieuse dans sa forme selon les gouvernements successifs, mais visant au fond un but semblable : l'acceptabilité par la société des innovations, scientifiques et surtout technoscientifiques, comme des changements qu'elles provoquent, induisent ou infligent aux populations[14].

14 L'influence des directives européennes joue ici encore pleinement son rôle. Lors du 4e forum national de la CSTI qui s'est tenu le 18 mars 2015 à la Cité des Sciences, Philippe Galiay, chef de secteur à la Direction générale Recherche et Innovation à la Commission européenne, parlait de la CSTI comme « d'une *arme* pour construire l'Europe », et n'hésitait pas à montrer que les objectifs étaient clairement l'acceptabilité de l'innovation, simplement avec des moyens plus subtils que ceux utilisés auparavant : d'où il découle le rôle que l'on veut confier aux médiateurs scientifiques, vus comme de doux vecteurs. Cela peut apparaître en conflit avec les objectifs des acteurs de terrain,

En somme, la contrariété du monde politique envers la CSTI n'a peut-être pas d'autre origine que politique et idéologique, même si sa justification est qualitative, et les sanctions pécuniaires. Comme cela n'est jamais exprimé de manière aussi *incorrecte*, mais dissimulé dans de bons plans, le résultat observé ici comme dans d'autres domaines se manifeste par une forme d'autocensure des acteurs culturels, amenés à anticiper les inductions par crainte pour leurs subventions. Une des attentes vendues aux structures avec les subsides - celles qui refusent s'arrangeant désormais comme elles le peuvent - est le transfert implicite de certaines missions pourtant dévolues aux autorités publiques, notamment en matière difficile et gênante de *bien-être* des populations : le *secteur social*. Il est en effet régulièrement demandé aux organismes de toute nature de pallier les déficits des gouvernants dans les endroits en échec quant à l'application de leur pouvoir. Comme le soulignait de façon générale l'anthropologue Jean-Loup Amselle en 2001, « en se dégageant et en sommant la « société civile » de se prendre en charge, l'État-providence[15], ou ce qu'il en reste, encourage du même coup la floraison de toute une série de structures (associations, ONG), qui ont pour mission de gérer le social à sa place et qui prennent très souvent appui sur des formes communautaires »[16], ces communautés fussent-elles d'intérêt, comme dans l'imaginaire numérique.

Les centres de sciences, à l'instar d'autres protagonistes culturels[17], n'échappent pas à ce calcul qui trahit en réalité une crise de la gouvernance et une vision étriquée de la culture, même si l'opération devrait au final les arranger s'ils se percevaient de manière adéquate. Les lieux de CSTI sont même au cœur de toutes les attentions, de par leur positionnement à la croisée des disciplines, car ils touchent simultanément plusieurs *cibles* :

- Les publics scolaires d'abord, visiteurs nombreux des espaces de médiation, en particulier les plus jeunes d'entre eux. Malgré quelques difficultés au démarrage, un lien s'est tissé de plus en plus étroit entre les agents du dialogue sciences-société et l'Éducation Nationale qui, si elle ne finance généralement rien hors la mise à disposition de temps de travail de ses fonctionnaires, peut en revanche mettre de nombreux bâtons dans les roues des activités proposées par la Culture scientifique, technique et industrielle. Mieux vaut donc l'avoir avec soi que contre soi. Les réticences anciennes du monde enseignant

pour qui la CSTI est un outil pour débattre et sensibiliser les publics, quand ce n'est une mission pour conscientiser les citoyens sur les *véritables* enjeux liés aux techniques et aux sciences. La question est donc bien : quel type de CSTI l'Europe et ses dépendances subventionnent-elles ?

15 Ou « État-stratège », selon la terminologie actuelle.

16 Jean-Loup AMSELLE, 2001. *Branchements. Anthropologie de l'universalité des cultures.* Flammarion « Champs », Paris, p. 45.

17 Ainsi quelle que soit par ailleurs leur vocation ou leur sensibilité véritable, de nombreux artistes, troupes théâtrales, lieux de la création contemporaine doivent-ils aujourd'hui s'inscrire en première intention dans une démarche sociale, voire travailler directement dans les quartiers, pour espérer maintenir à flot leurs revenus.

viennent entre autres qu'il n'a pas voulu laisser facilement entrer le «loup» de l'industrie dans la bergerie de l'éducation, réservée à la communauté éducative, menace qu'il a longtemps devinée derrière le «i» de CSTI. L'apprivoisement mutuel a toutefois eu lieu sur la base de la médiation, à différentes vitesses selon les personnes et les projets développés ici ou ailleurs. La pratique du travail concerté s'améliore, notamment et paradoxalement grâce à des actions d'éducation aux sciences comme *La main à la pâte*[18], qui, si elle n'est pas de la culture scientifique au sens strict, peut lui être toutefois complémentaire. Les deux champs gagnent à une coopération ouverte au profit des jeunes générations dont la sensibilisation aux sciences demeure un besoin critique.

- Les scientifiques bien évidemment, qu'ils soient chercheurs, enseignants ou étudiants. La tenue d'un échange efficace entre les sciences et la société passe par une implication des scientifiques eux-mêmes dans cette rencontre, cela va sans dire, et donc une circulation à double sens entre les mondes. On connaît les freins à la participation active des scientifiques aux actions vers la société : plus que leur manque d'intérêt, c'est leur manque de temps qui en est la cause car ils sont de plus en plus confrontés à une concurrence internationale dans leur domaine de compétence ; la difficulté à communiquer simplement leur spécialité au grand public par manque d'affinités personnelles ou de formation, donc à le sensibiliser non sur les détails mais sur les conditions de production de leur connaissance ; la quasi-absence de valorisation des actions de CSTI dans leur carrière, voire leur dénigrement (cette idée fausse, en voie d'extinction fort heureusement, qu'un chercheur qui vulgarise est un mauvais chercheur)... Le travail de la médiation scientifique est là sous sa forme basique, indispensable, certes pour disséminer les sciences vers la société et alerter les scientifiques des attentes de cette dernière, mais encore pour faciliter les modalités du dialogue, et créer les actions qui simplifieront l'intervention des scientifiques, souvent volontaires, mais démunis quand il s'agit de partager leurs savoirs. Amener les scientifiques à prendre conscience de leur fonction sociale, les aider à comprendre leur intérêt dans un échange avec la société en ces temps de controverses qui impactent la bonne marche de la recherche, en somme faire un travail de tra(ns)duction qui ne soit pas une trahison, voici une des facettes capitales de la médiation sur laquelle nous insisterons.

- Autre cible touchée par la CSTI, le secteur social, avec lequel la CSTI entretient des rapports naturels tant cette dernière est à la fois liée par ses racines dans l'éducation populaire ou les partenariats réguliers avec les

18 Depuis 1996, à l'initiative du prix Nobel Georges Charpak et de l'Académie des Sciences, *La main à la pâte* développe l'enseignement des sciences et de la technologie auprès des écoliers et collégiens, en favorisant un enseignement fondé sur la démarche d'investigation scientifique : exploration du monde, apprentissages, expérimentations, maîtrise de la langue, argumentation et éducation à la citoyenneté sont associés.

centres culturels et sociaux, mais aussi par les interventions qu'elle tente de multiplier auprès des publics dits distants, souvent maintenus distants[19], vers lesquels on lui demande de plus en plus de se tourner car ils ne sont pas les visiteurs usuels des centres de culture et de sciences. Nous l'avons dit, derrière les discours officiels de circonstance en faveur d'une relance économique notamment, il y a un aveu d'abandon de fait du social, et sa délégation progressive vers la sphère privée ou subventionnée. Le champ est déserté, il se pourrait demain que ce soit naturellement celui désigné, mais au fond privilégié, de la CSTI dans sa modernité.

- Le monde industriel enfin, fréquent collaborateur des actions ou structures de CSTI, à défaut d'en être toujours un partenaire dynamique ou un mécène attentionné (c'est-à-dire acceptant les conditions de non ingérence et sans contrepartie comprises dans le mécénat). La culture industrielle étant très faible dans notre pays, quelles que soient les classes, et marquée à la base par une idéologie qui entretient par exemple la confusion entre la question de l'entreprenariat et celle des multinationales, il s'agit pour la médiation, parfois réticente (d'aucuns ont d'ailleurs très tôt éliminé le « i » dans leur pratique de la CST), de faire comprendre la différence entre culture et communication scientifique, technique et industrielle. Et dans ce que nous pourrions appeler ses tentatives de réconciliation de ces mondes, de rester vigilante aux manipulations, en refusant les tentations propagandistes présentes lorsqu'existent des problématiques de financement, ou des accointances politico-industrielles implicites dans les politiques de développement des territoires[20] auxquelles les structures culturelles sont associées. Derrière ces faisceaux, où nous pourrions inclure la demande adressée à la CSTI il y a quelques années de participer au « redressement productif » du pays, donc à être un acteur économique à part entière[21], nous retrouvons cette

19 C'est ce que la notion « d'apartheid territorial, social et ethnique », utilisée avec regrets tardifs par le Premier ministre français lors de ses vœux à la presse le 21 janvier 2015, accrédite sans ambiguïté, l'apartheid n'étant pas simplement une situation subie et constatée, mais aussi voulue, instaurée et entretenue.

20 Pour exemple saisissant, le dossier que l'ensemble des huit CCSTI de la Région Rhône-Alpes avait eu à traiter avec le projet « Mission à Carbone City » porté par le pôle de compétitivité Axelera Chimie-environnement Lyon et Rhône-Alpes. Il s'agissait d'un jeu de rôle pédagogique interactif visant les collégiens, ayant pour but proclamé de faire « *prendre conscience aux jeunes de l'émergence de la filière chimie environnement, en particulier en termes d'alliance chimie et environnement, d'innovation, d'impact sociétal et du rôle qu'ils peuvent y jouer* ». Malgré les vains conseils des structures de médiation des sciences qui avait été conviées à l'élaboration de ce dispositif et auxquelles il a été ensuite demandé d'aider aux côtés de l'Éducation Nationale à la diffusion du jeu sur les territoires, « Mission à Carbone City » ne présentait aucun recul historique et critique, ni mise en perspective et en débat des enjeux de la chimie qui auraient permis une action de CSTI digne de ce nom. D'où ensuite le refus collectif de participer à cette opération, malgré les pressions.

21 Voir l'appel à projet permanent nommé « CSTI et égalité des chances » proposé dans le cadre du Programme d'Investissement d'Avenir, lancé entre 2010 et 2014, et piloté par l'ANRU.

> idée récurrente de faire de la CSTI un vecteur d'acceptabilité des techno-sciences, aujourd'hui de l'innovation dite parfois responsable, bref une arme au service de constructions politiques[22].

Il convient de ne pas jeter la pierre à l'époque actuelle en insinuant un « c'était mieux avant », et rappeler d'emblée ceci : très tôt au début des années 1980, au moment de sa prise en charge institutionnelle en France, la médiation scientifique était déjà dans la ligne de mire gouvernementale pour l'inciter à devenir ce bras armé entre politique et social sur les sujets scientifiques et techniques. Dès 1973, le futur ministre et promoteur acharné de la CSTI, Hubert Curien, avait très clairement donné le ton en énonçant les grands principes de sa vision du partage des savoirs en matière de sciences, lors de l'exposition *Image de la recherche* au CNRS, dont il était alors le directeur général :

> « susciter un soutien populaire à l'activité de recherche scientifique… ; [offrir] un accès à la connaissance scientifique… ; favoriser la transdisciplinarité, la pluridisciplinarité et le décloisonnement des connaissances ».

Tout était presque déjà là.

Il est approprié de surligner l'actualité de ces propositions. Nous pourrions les formuler de manière similaire aujourd'hui, mais en leur donnant un poids, donc un sens différent. *L'accès à la connaissance scientifique* a été largement traité ces trente dernières années, et continue naturellement de l'être. Les différentes actions de vulgarisation mises en place un peu partout de manière régulière et structurelle par les équipes de médiation couvrent un vaste panorama, que ce soient dans la médiation active (animations diverses face public, ateliers scientifiques, conférences et rencontres grand public…), la mise en place de réseaux d'acteurs de l'échelle internationale à l'échelle locale (ECSITE au niveau européen, AMCSTI, CIRASTI, Réunions des CCSTI, des Museum, des Planétariums au niveau national, coordinations régionales ou départementales…) rythmée par l'organisation de moments fédérateurs (congrès, colloques, journées de la CSTI…), la coordination d'événementiels porteurs (Nuit européenne des chercheurs, Fête de la Science…), la création de ressources (malles pédagogiques, expositions, camions itinérants, sites internet, outils multimédia…), la promotion des dispositifs d'éducation aux sciences (La main à la pâte, ASTEP…) ou encore la fabrication de projets transversaux (boutiques des sciences, projets Arts et Sciences, théâtre à caractère scientifique, créations industrielles…). Ce dernier volet va pleinement dans le sens indiqué par Curien, *favoriser la transdisciplinarité, la pluridisciplinarité et le décloisonnement des connaissances*. Il prend une place tout à fait décisive de nos jours, sur laquelle nous nous attarderons dans le prochain chapitre de l'ouvrage.

22 Cf note 14, p 17.

La première résolution citée par le futur ministre, *susciter un soutien populaire à l'activité de recherche scientifique*, mérite un examen car elle constitue ce point aveugle, mais tacite et prêt à ressurgir, d'une CSTI encouragée à devenir un vecteur d'acceptabilité. L'existence d'une forme de prédation sur la CSTI est depuis longtemps présente et refoulée. Très tôt dans leur histoire[23], les structures visées ont pris grand soin de se défendre d'être sous influence, revendiquant parfois avec virulence leur appartenance à la culture d'une part, donc à une certaine *liberté d'expression*, et plus singulièrement à la culture populaire, c'est-à-dire à une forme de militantisme et d'impertinence. La CSTI a rapidement cherché à se démarquer des tutelles, voire à grandir et s'affirmer avec une insistance inquiète contre les orientations pourtant motrices émises par Hubert Curien.

La Culture Scientifique, Technique et Industrielle est en partie née en France car il s'agissait, dans la dispute sur le tout nucléaire au cours des années 70 déclinantes, d'initier un débat *démocratique*, malgré les problèmes scientifiques et politiques complexes que soulevait cette question de stratégie énergétique. Au-delà de la difficulté technique, il importait de «poser les problèmes éthiques dans la société», ainsi que le soulignait Bernard Maitte[24], alors que le mouvement progressiste qui avait porté cette dernière durant les Trente Glorieuses était enseveli dans l'effondrement des industries nationales traditionnelles. En effet, si la CSTI entrait en résonance avec l'engagement militant des années 1970, c'est d'abord dans un climat de fiasco des revendications émancipatrices et ouvrières portées par cette décennie, aggravé par la fin des grands récits et l'amorce de la restauration inattendue qu'allait être la mandature Mitterrand, que fut accélérée l'évolution d'initiatives passionnées comme les clubs scientifiques ou les actions de type «La Physique dans la rue» vers des formes d'activités plus structurées (Exposciences par exemple) et des lieux clairement dédiés (les CCSTI). Un foisonnement d'expressions et une liberté d'intentions caractérisèrent ces premières réalisations d'envergure, qui trouvèrent en

23 Parmi les histoires de la CSTI qui ont été régulièrement contées, sur lesquelles nous ne reviendrons pas en détail mais vers lesquelles nous renvoyons le lecteur, citons par ordre d'apparition quelques références: *Mettre la science en culture* de Jean-Marc LÉVY-LEBLOND (Éditions Anais 1986), *Savants et ignorants. Une histoire de la vulgarisation des sciences*, par Daniel RAICHVARG et Jean JACQUES (Seuil, 1991), *Le palais de la découverte* par Jean-Pierre MAURY (Gallimard «découvertes» 1994), *Dictionnaire culturel des sciences*, sous la direction de Nicolas WITKOWSKI (Éditions du Regard, 2003), *Petit (im)précis de culture scientifique* d'Alain BERESTETSKY (Éditions l'Harmattan 2009), *Le partage des savoirs scientifiques* d'Étienne GUYON et de Bernard MAITTE (La revue pour l'histoire du CNRS, 2010), *La science en public* de Nayla FAROUKI et Laurent CHICOINEAU (Presses universitaires de Grenoble, 2010) ou encore les deux ouvrages collectif publiés chez l'Harmattan en 2014, *Hier pour demain: une mémoire de la culture scientifique, technique et industrielle*, et *Une mémoire pour demain: 30 ans de culture scientifique, technique et industrielle en France*. Ce sont donc moins leurs singularités et leurs différences que leurs positions partagées qui nous intéresseront particulièrement.

24 MAITTE Bernard et GUYON Étienne, *op. cit.*

ces années les moyens de leur émergence et de leur existence[25]. Toutefois restaient-elles sous haute vigilance, et ce depuis l'origine.

Cette transformation, se voulant libertaire plutôt que libérale, a très tôt été anticipée puis accompagnée au niveau de l'institution politique, avec la création dès 1974 du *Bureau national d'information scientifique et technique (BNIST),* lequel prenait en sérieuse considération les enjeux sociétaux liés aux problématiques scientifiques. Et si les premiers mouvements populaires forçaient en faveur d'une CSTI ouverte, culturelle et militante, ils se sont cristallisés lors de la naissance en 1986 de la Cité des Sciences, un énorme établissement public censé devenir locomotive au niveau national. L'aspect intéressant à noter, outre la réalité structurante très pauvre du très riche établissement parisien, est la présence «dans les cartons» dès 1979 de ce projet de la Villette qui, comme le raconte encore Maitte et Guyon, fut lancé «par Valéry Giscard d'Estaing... reprenant l'idée des Science Centers américains et permettant – grâce au prestige de la science – de sortir de façon honorable des scandales immobiliers sur le site»[26]. Focalisant les attentions et la majorité des subventions, l'arrivée de la Cité incarnait enfin clairement une certaine conception de la culture scientifique aux ordres, image modernisée d'une France des lumières scientifiques et techniques, auxquels les jeunes CCSTI avaient tenté d'échapper. Elle intimait de la sorte une ligne de démarcation vis-à-vis de laquelle il allait falloir se positionner, et sur laquelle il convenait peu ou prou de s'aligner.

De cette séquence, entre 1974 et 1986, une ambiguïté a perduré: elle consiste à voir dans les CCSTI en particulier – malgré leurs résistances – des objets pilotés pour officialiser, structurer et contrôler une culture émergente aux dimensions potentiellement explosives. Et il se pourrait bien, à son corps défendant, que le mouvement de la CSTI ait été instrumentalisé, ou pour le moins influencé, non dans le cadre paranoïaque d'un projet politique fomenté, mais eu égard à son objet propre, c'est-à-dire dans sa vision des sciences et des techniques que l'idéologie dominante souhaitait véhiculer. Ceci à travers le soutien et donc le maintien de la vieille idée de *progrès*, à laquelle la culture scientifique a et continue implicitement d'adhérer. Nous y reviendrons plus longuement.Il s'agit pour le moment de relever

25 Les premiers CCSTI ouvrirent à l'orée des années 1980, à Grenoble d'abord avec ce qui allait devenir l'exemplaire Casemate (1979), faisant officiellement sous le nom de Culture Scientifique ce que d'autres avaient commencé à entreprendre de l'autre côté de l'Atlantique, comme à San Francisco avec l'Exploratorium de Franck Oppenheimer. La victoire de la *gauche* en 1981 (à travers les actions combinées de Jack Lang au Ministère de la Culture en faveur des innovations culturelles, puis celles d'Hubert Curien au Ministère de la Recherche incitant à la structuration du champ de la CSTI) concrétisa la mise en réseau des acteurs et l'incarnation de l'idée de culture scientifique dans des lieux dédiés (l'Anais à Nice, portée par Lévy-Leblond, la Fondation 93 à Montreuil par Berestetsky, l'Alias à Lille par Bernard Maitte, suivis de nombreux CCSTI un peu partout en France). Des collectifs permettant de mutualiser les expériences, comme l'AMCSTI et le CIRASTI, virent également le jour dès 1984.

26 Bernard MAITTE et Étienne GUYON, 2010, *op. cit.*

la prégnance des préoccupations doctrinales dès la naissance de la CSTI : maîtrise du discours sur les sciences et les techniques auprès de populations en voie de désenchantement sur fond de difficultés économiques, centralisation du pouvoir et de la culture face à la décentralisation dans les territoires, CSTI de prestige face à celle de terrain… Avec en sous-texte donc, les enjeux autour de l'idée de démocratie qui se devinent au cœur des déclarations sur et de la CSTI, dans les missions qui lui sont attachées visant à éclairer les citoyens, ou plutôt à consolider le façonnage de citoyens éclairés en les sensibilisant aux outils de la culture scientifique.

Associée souvent à la démocratie, la fabrication de la citoyenneté est donc en perspective, et citée comme un objectif récurrent de la médiation dans les discours des agents comme dans ceux des politiques, étant entendu que les dimensions scientifiques dans les grands choix sociétaux contemporains apparaissent de plus en plus cruciales aux yeux mêmes des populations. Une fois ceci souligné, la manière dont est abordée et traitée la citoyenneté dans les *actes* demeure à interroger, car si cet enjeu fait l'objet d'une communication répétitive, comme s'il importait qu'il devienne vérité, il se trouve fragilisé, une fois n'est pas coutume, par un mésusage des mots, et de ce qu'ils signifient. En effet, si la citoyenneté est bien *la jouissance et l'exercice de certains droits politiques*, nous observons depuis quelque temps la floraison de nombreuses activités qui se déclarent « citoyennes », entre autres portées par les structures culturelles, sans que les acteurs soient élus, sans que leurs objets soient exactement politiques, dévoyant de la sorte le fondement même de ce qu'est la citoyenneté : ainsi des *rencontres citoyennes* proposées par de nombreux centres de sciences, *entreprises citoyennes, rassemblements citoyens, sciences citoyennes*, ou les préoccupantes *vigilances citoyennes*. Or, dans l'adjectivation récente du nom[27], il est engageant de voir au fond l'annonce et la concrétisation d'une privatisation rampante de la citoyenneté, installant progressivement une citoyenneté de substitution, dans un mouvement qui converge avec le retrait des pouvoirs publics du secteur social. Reste-t-il d'ailleurs quelque chose qui puisse échapper à ce mouvement[28] ?

Afin d'étayer par un exemple récent et concret cette impression critique, citons l'une des dernières mesures proposées par le Ministère de l'Éducation, annoncé sur son site internet : la création dans chaque académie, sous le prétexte d'une « continuité de la grande mobilisation de l'École pour les valeurs de la République »[29], d'une *réserve citoyenne* d'appui aux écoles et aux établissements scolaires. Ainsi les enseignants pourront faire appel à des intervenants extérieurs dans leurs classes

27 L'usage (à) nouveau du mot *citoyen* comme adjectif, en remplacement du terme consacré qui est *civique*, remonte à 1995 selon Alain REY, *Dictionnaire culturel en langue française*. Le Robert, Paris 2005.

28 L'importance de ce point et de sa formulation nous a été indiquée par notre ami et ancien professeur de philosophie, Philippe LE ROUX.

29 Référence aux événements des 7 et 9 janvier 2015 (les attentats contre Charlie Hebdo), et à la mobilisation qui a suivi.

pour illustrer leur enseignement dans l'un des champs d'expertise définis par le ministère. Comme le précise le site de l'Éducation Nationale sans aucune fébrilité :

> «participeront à la réserve citoyenne les personnes et les associations désireuses d'apporter leur concours aux missions de l'École, voire aux activités périscolaires : bénévoles d'associations partenaires au plan local, professionnels, retraités, étudiants, les délégués départementaux de l'Éducation nationale, etc.».

En fait, nous y sommes déjà.

À travers le glissement sémantique s'effectue en réalité un glissement idéologique puis pratique d'une citoyenneté politique à une citoyenneté de service, voire de libre service, vers une privatisation rampante de la citoyenneté, et donc une dissolution du politique. Car les critiques de l'État et des institutions enveloppées dans ces nouvelles citoyennetés impliquent inévitablement une critique de la citoyenneté politique elle-même et, réciproquement, de l'État. Par cet exemple, que nous pourrions compléter par de nombreux autres mais dont il faudrait surtout creuser l'arrière-fond doctrinal peu connu, prôné par les forcenés du *tout privé*, il nous importe d'abord dans les limites de cet ouvrage de s'interroger sur nos pratiques, à travers les mots que nous utilisons pour les décrire. Car, hypnotisés par notre propre logorrhée dont regorgent les dossiers de subventions, nous sommes devenus majoritairement incapables de voir que l'individualisme (politique) des temps modernes se retourne progressivement en individualisme que l'on pourrait qualifier d'anarcho-capitaliste[30] dans lequel l'individu même s'efface pour n'être plus considéré autrement que par son profil. Il s'agit ensuite, ici comme ailleurs, de *repolitiser* nos regards dans le sens noble du terme, et par conséquent celui des publics, si nous voulons, comme nous le prétendons souvent dans nos *professions de foi*, consolider l'idée et la pratique de la citoyenneté, où se confondent souvent

30 Sur les complexités de la notion de citoyenneté en France, l'on pourra lire avec profit Dominique SCHNAPPER, *La communauté des citoyens*, Gallimard, 1994, notamment pour son regard comparatif sur les conceptions anglo-saxonne et française sur le sujet, à travers notamment l'ouvrage d'Edmund BURKE qui a eu une influence importante dès sa publication en 1790, *Réflexions sur la Révolution de France* (Hachette, 2004).
Concernant le problème de la privatisation progressive de la citoyenneté, parfaitement installée et déclarée outre-Atlantique, mais rampante en France, il est instructif de se référer au petit livre très direct du québécois Pierre LEMIEUX prônant *L'arnacho-capitalisme*, aux Presses Universitaires de France «que sais-je?», 1988. Trouvable en intégralité sur internet, l'ouvrage de Lemieux explique sans détour les enjeux de la situation en cours, dès les premières pages et sa définition liminaire : «Au sens propre du terme, l'anarcho-capitalisme est la doctrine selon laquelle une société capitaliste sans État est économiquement efficace et moralement désirable. L'anarcho-capitalisme se distingue des doctrines pro-capitalistes orthodoxes en ce qu'il étend l'anarchie constitutive de l'économie capitaliste dans tous les domaines : même quand il s'agit d'offrir les services de sécurité publique (police, tribunaux, défense nationale), l'État devrait céder sa place à des entreprises ou des associations libres, privées et concurrentielles… L'anarcho-capitalisme se présente ainsi comme la limite et le mariage des deux doctrines : la liberté de l'anarchisme s'étend à l'économie, et la liberté capitaliste envahit le social et les conditions de base de la vie en société». On ne peut être plus limpide.

les notions du *vivre-ensemble*, de la démocratie, ou de la république, confusions qui rendent au fond incompréhensibles les enjeux de la laïcité ou l'importance devenu quasi stratégique de cet «élément local par excellence – le citoyen»[31].

Retrouver une grille de lecture analytique et politique du monde permet de ne pas participer activement à ce que par ailleurs l'on semble dénoncer. La fausse neutralité comprise dans l'idée juridique de médiation (un tiers neutre entre deux opposés, comme si ce tiers n'avait pas un rôle et une action qui annulent toute possibilité de neutralité stricte) ne peut s'appliquer à des structures (d'autant qu'elles sont) financées par l'argent public, des structures *politiques* étymologiquement parlant, c'est-à-dire agissantes dans et pour la cité. La médiation scientifique, dont un objectif *non partisan* consiste à rendre l'échange et le débat possibles entre les parties parfois contradictoires sur les sujets scientifiques et techniques, exige que nous ne soyons pas dupes des enjeux véritables, en acceptant une complicité tacite avec des partenaires, grâce à des œillères sur les aspects gênants de ce positionnement.

La question de la citoyenneté, pour certains acteurs de la CSTI revendiquant sa défense ou son affermissement, n'apparaît effectivement pas comme une simple plaidoirie de circonstance, mais comme un véritable défi. Car elle touche en direct un point essentiel du métier des médiateurs : la place des publics dans les projets qu'ils mettent en œuvre sur leurs territoires respectifs. Loin d'être un sujet intempestif, la citoyenneté s'impose ainsi dans toute son actualité cinglante. Si la diffusion et la vulgarisation classiques de la CSTI poursuivent leur petite musique nécessaire en sourdine, l'inclusion active et responsable des habitants dans les actions de médiation scientifique, autrement dit l'*innovation sociale*, est un point de bascule vers sa reviviscence, un sujet central et spécifique dont elle doit être à même de s'emparer, et qu'elle ne peut assumer justement sans éclaircir avec une certaine indépendance d'esprit – malgré la conjecture de crise et la pression liée aux financements – les rôles et les postures de chacun.

---

31 L'expression est de Bernard WICHT, membre du Service historique de l'armée suisse, enseignant la stratégie à l'Université de Lausanne, et partisan d'un retour aux milices citoyennes. Le corps (du) citoyen est vu comme l'échelle stratégique où se joue la véritable guerre dans une monde informatisé et globalisé. Voir *Europe Mad Max demain ? Retour à la défense citoyenne*. Éditions Favre, Lausanne 2013.
Sur la distinction entre démocratie «à l'américaine» et république «à la française» (régional *vs* universel, fédéralisme *vs* centralisme, société *vs* État, moralité *vs* civisme, citoyenneté à la carte *vs* citoyenneté de droit…), on peut lire l'article de Régis DEBRAY, «Êtes-vous démocrate ou républicain ?», publié par *Le Nouvel Observateur* (30 novembre-6 décembre 1995), et accessible sur le site http://laicite-aujourdhui.fr.

Les médiateurs scientifiques rêvent-ils de poissons électriques ?

Le poisson électrique est un animal intrigant et précieux pour la science. Il fut la source d'inspiration de recherches passionnantes qui aboutirent à des découvertes remarquables : la pile électrique, la conduction nerveuse, ou la transmission synaptique par un neurone transmetteur. Car ce poisson ne produit pas seulement de l'électricité, mais un imaginaire. Il est porteur de messages, certes électriques, mais aussi symboliques et poétiques. Messagers, ainsi se rêvent parfois les acteurs de la culture scientifique, technique et industrielle : des tiers facilitant la circulation d'informations, des concepteurs d'outils de sensibilisation et de supports vulgarisés d'animation rendant accessibles à l'intelligence des publics de multiples expériences, des passeurs de courant alternatif entre les composants d'une société, des médiateurs du savoir. Sont-ils seulement ce qu'ils s'imaginent ?

Le thème de la médiation culturelle a été examiné avec sérieux dans de nombreux ouvrages de Sciences Humaines et Sociales auxquels nous nous référerons[32]. Si elles traitent pleinement de leur question, de son étymologie à ses différentes variations techniques et pratiques, ces études ne se sont généralement pas focalisées sur la médiation scientifique, dont nous nous proposons d'explorer certaines voies de traverses guère évoquées en général. La singularité de la médiation scientifique vient en effet des objets sur lesquels elle porte, les sciences et les techniques donc, non seulement du fait des évolutions accélérées qu'elles ont connues et permises au cours du siècle dernier, mais aussi et surtout de l'importance considérable sans toujours être explicite qu'elles ont prise dans le quotidien de chacun. C'est donc bien leur fonction, leur influence et leur représentation dans la société d'aujourd'hui qui les différencient des autres champs où une médiation culturelle existe, comme par exemple celui de l'art, de l'archéologie ou du patrimoine. Le fait même que les sciences et les techniques soient devenues des *objets culturels* déclarés et revendiqués raconte l'emploi qui leur a été assigné depuis de nombreuses décennies dans le vaste récit national, ou plus globalement *occidental*. Leur statut social et politique participe aux définitions épineuses que notre *civilisation* propose d'elle-même.

32 Quelques titres parmi la nombreuse littérature sur le sujet : Bernard LAMIZET, *La médiation culturelle*. L'Harmattan, 1999. Marie-Christine BORDEAUX, « La Médiation culturelle en France, conditions d'émergences, enjeux politiques et théoriques », *Colloque international sur la médiation culturelle*, Montréal, 2008. Serge CHAUMIER et François MAIRESSE. *La médiation culturelle*. Armand Colin « U, Sciences humaines et sociales », 2013. Le travail général et le blog *Science, culture, communication* de Joëlle Le Marec, http://joellelemarec.fr/.

La médiation des sciences et des techniques prend une de ses sources dans la vulgarisation scientifique en direction des non-initiés, qui est ancienne[33]. Depuis l'époque moderne, elle fut assurée dans nos sociétés par les savants et les passionnés dans les cabinets de curiosité des XVIIe et XVIIIe siècles ; puis par les inventeurs, les chercheurs et parfois les bonimenteurs aux XIXe et XXe siècles dans les foires, mais surtout lors des expositions universelles – grands spectacles de la puissance impériale européenne et états-uniennes pour les masses – dans lesquelles les découvertes techniques et scientifiques prirent une place de plus en plus large, aux côtés des zoos humains[34]. En bref, de l'ouverture du Jardin royal des Plantes médicinales en 1635 à Paris (futur Museum National d'Histoire Naturelle, 1793), où des cours accessibles au grand public furent animés par des « démonstrateurs », à celle - dans la foulée de l'Exposition internationale en 1937 - du Palais de la Découverte, premier lieu modèle de la médiation scientifique telle qu'elle se développera ultérieurement, de nombreuses expériences de partage culturel des diverses sciences fondamentales ou expérimentales ont été proposées aux publics. Le métier de médiateur scientifique toutefois, ainsi que nous l'avons évoqué, s'est quant à lui formalisé puis professionnalisé au tournant des années 1980 avec l'affirmation de la culture scientifique, technique et industrielle comme enjeu politique presque identitaire sur l'ensemble du territoire national, et la multiplication d'espaces dédiés où il est alors exercé. C'est donc une *profession* récente en tant que telle, différente de la vulgarisation, héritière toutefois d'une tradition sans que cela soit toujours conscient, et qui, si elle emprunte majoritairement au corpus de la médiation culturelle, présente de par ses centres d'intérêt ses propres spécificités.

33 Voir Daniel RAICHVARG, 2005. *Sciences pour tous.* Gallimard « découvertes », Paris. Voir également Baudouin JURDANT, 1973. *Les problèmes théoriques de la vulgarisation scientifique.* Thèse de Doctorat de Troisième Cycle en Psychologie, département de Sciences du comportement et de l'environnement, Université Louis Pasteur de Strasbourg, Archives contemporaines Éditions, 2009. Nous parlons ici de la médiation *directe*, l'animation face au public, en laissant de côté toute l'importante littérature de vulgarisation scientifique, des ouvrages thématiques aux nombreux magazines et autres revues.

34 Depuis la première exposition universelle lancée à Londres en 1851, en passant par Melbourne en 1880 ou San Francisco en 1915, jusqu'à celle de Bruxelles en 1935 qui clôt cette première séquence (aucune exposition ne sera ouverte ensuite jusqu'en 1957), plus de vingt de ces événements internationaux prestigieux seront ainsi organisés. Paris, envoyant un message fort au reste du monde, en a accueilli à elle seule cinq sur les dix réalisées entre 1855 et la grandiose réception de 1900 (50 millions de visiteurs !). Si Paris laisse ensuite sa place, surtout entre les deux guerres mondiales, elle ne renonce pas à ces moments de prestige et de communication, avec l'organisation de trois expositions internationales thématiques aux noms évocateurs : l'*Exposition internationale des Arts Décoratifs et Industriels Modernes* en 1925, *l'Exposition coloniale internationale* en 1931, puis l'*Exposition internationale des Arts et des Techniques appliquées à la Vie moderne* en 1937, qui inaugure le Palais de la Découverte. Avant 1928 et les préconisations du Bureau international des expositions qui séparèrent les genres, les expositions universelles étaient à la fois la vitrine technique et artistique des différentes nations industrielles, mais aussi celle de leur expansion militaire et économique à travers l'exhibition de leurs dépendances coloniales.
À noter par ailleurs que Paris est en lice pour accueillir en 2025 une nouvelle exposition universelle.

Nous avons rappelé au chapitre précédent l'atmosphère sociétale chargée qui présidait à l'émergence des centres de sciences en France, où les problématiques scientifiques et techniques se heurtaient aux revendications éthiques et collectives. Ces dernières prenaient une force anticonformiste en écho à leur époque militante certes, mais aussi dans leur résonance avec les propositions formulées en 1979 par l'historien du gnosticisme et philosophe Hans Jonas dans son célèbre ouvrage *Le principe responsabilité*[35], qui anticipa de loin sa transposition diplomatique avec le principe de précaution (1995), ou la notion didactique d'*anthropocène* forgée en 2002 par le prix Nobel de chimie Paul Crutzen (que se sont approprié depuis des penseurs comme Christophe Bonneuil[36] ou encore Bruno Latour). Le livre de Jonas faisait converger les réflexions historiques, politiques et philosophiques modernes. Leurs regards croisés éclairaient à nouveau le fait que la *foi* en la science alliée à la montée en *puissance* de la technique, depuis la révolution industrielle (1784, date du brevet de Watt perfectionnant la machine à vapeur) s'étaient échouées au XXe siècle autant à Verdun ou Auschwitz qu'à Hiroshima et Nagasaki, avec en toile de fond *l'obsolescence de l'homme*[37] et des conséquences qu'il était non seulement urgent de dénoncer et diffuser plus largement, mais sur lesquelles il fallait s'appuyer pour proposer des perspectives originales. En effet, s'il fut un temps où la technique était majoritairement conçue comme un facteur de progrès pour l'humanité, et dont la vocation l'amenait à toujours se développer, le XXe siècle révélait que cette logique cumulative, loin d'être structurante et inéluctable, cachait un potentiel destructeur tel qu'une faille nette, constatable par tous, s'élargissait entre le progrès technique et le progrès humain, voire que la notion même de progrès perdait littéralement son *sens*. Elle le perdait au profit d'une idée ancienne, brutalement réactualisée alors que l'espoir dans la science l'avait longtemps tenue pour dépassée : la survie de l'humanité, entendue selon deux acceptions. D'une part notre capacité vertueuse à être encore pleinement humain, notamment après la boucherie des tranchées et plus encore lors de l'ouverture des camps de concentration édifiés cette fois au cœur de l'Europe ; d'autre part notre capacité à préserver l'espèce humaine alors que nous pouvions déclencher des catastrophes dont les effets étaient quasiment irréversibles sur notre environnement.

La prise de conscience au sujet d'une technique « devenue sauvage » (réparant les dégâts qu'elle produit en causant de nouveaux dégâts rectifiés avec une difficulté accrue par plus de technique encore) a émergé au réveil de la première, mais aussi

35 Hans JONAS, 1979. *Le principe responsabilité. Une éthique pour la civilisation technologique*. Flammarion « Champs essais », Paris 2013.

36 Christophe BONNEUIL, Jean-Baptiste FRESSOZ, 2013. *L'Evénement Anthropocène. La Terre, l'histoire et nous. Éditions du* Seuil.

37 Titre du livre de Günther ANDERS, 1956, *op. cit.* Malgré ses exagérations qui n'annulent pas ses fulgurances, *L'Obsolescence de l'homme* propose une approche critique des ruptures techniques qui ont rythmé son époque.

et surtout à l'issue de la seconde guerre mondiale. Ce sursaut, et la responsabilité qui s'y trouvait attachée[38], furent de courte durée, vite avalés par les trois décennies de croissance ayant permis d'oublier ce cycle inquiétant qui échappait à l'Homme maîtrisant désormais *la nature par le moyen d'une technique, ou mieux, de techniques*[39]*, qu'il ne contrôlait plus.* Trente ans plus tard, au coucher des années 1970, la transformation en controverses des questions énergétiques par une société qui continuait *envers et contre tout* à se construire sur les *valeurs* du progrès instrumental et de la raison performative, *réactivait* sous l'idée de CSTI cette prise de conscience, et l'obligation de responsabilité. Éveil et responsabilisation qui, force est de le constater, ressurgissent aujourd'hui avec ampleur et sous les mêmes traits, plus d'une génération plus tard. La récente notion d'*anthropocène* actualise en effet, avec les mots de notre époque, le débat sur la notion intempestive voire *rétrograde* de progrès positiviste, en concevant désormais l'espèce humaine comme une véritable force géologique[40], une cause majeure de transformation de la planète, capable de déclencher par son style de vie même, notamment par l'usage incontrôlé des techniques comme des sciences, d'importants bouleversements, parfois incurables. Pourquoi, alors que la CSTI semblait avoir été initiée aussi pour répondre à ces inquiétudes et conscientiser les citoyens, les mêmes revendications se retrouvent-elles au cœur des débats sociétaux quelques décennies plus tard ? Les turbulences que traverse une médiation scientifique en boucle sur ces questions interrogent : qu'est-il arrivé, ou plus précisément, que n'est-il pas arrivé pour que des problématiques quasi identiques se retrouvent devoir être à nouveau affrontées, avec des moyens similaires ?

En effet tout se passe comme si nous savions depuis longtemps que le progrès avait perdu son sens, qu'une certaine manière d'envisager, de faire, de comprendre

38 Avec le surgissement de l'énergie nucléaire dans le paysage militaro-politique, Hans Jonas parle d'une responsabilité inédite, car elle ne porte pas de façon classique sur de mauvaises actions passées dont on aurait à rendre compte, mais d'une responsabilité sur l'avenir, sur la possibilité d'un avenir pour l'humanité. D'où une prise de conscience à plusieurs niveaux : une conscience anthropologique (nous sommes tous concernés par ces changements), une conscience écologique (nous habitons tous une même planète), une conscience civique (nous devons être responsables et solidaires avec les autres êtres humains et avec la Terre), une conscience spirituelle de la condition humaine (nous devons nous interroger sur ce qu'est l'humain).

39 Jacques ELLUL parle non seulement d'*une* technique qui, devenue autonome dans la course à l'efficacité, ne permet plus à l'Homme de se libérer des servitudes imposées par la nature et devient source de nouvelles servitudes, mais aussi et surtout *des* techniques, industrielles, financières, de gouvernement, éducatives, devenues interdépendantes, et dont dépendent les sociétés modernes. *La Technique ou l'Enjeu du siècle.* Éditions Armand Colin « sciences politiques », Paris 1954.

40 « Bienvenue dans l'anthropocène » est le titre de l'avant-dernier numéro de la *Revue internationale des livres et des idées* n°15 (Éditions Amsterdam, Paris, janvier-février 2010), présentant une traduction importante d'un long article de l'américain d'origine indienne Dipesh CHAKRABARTY, « Le climat de l'histoire : quatre thèses ». Chakrabarty creuse l'idée qu'à l'instar des grandes catastrophes géologiques, mais avec une rapidité inégalée, les activités humaines ont des conséquences pour l'ensemble du globe. Il étend son analyse à d'autres enjeux que les seuls changements climatiques, notamment idéologiques et *géo-économiques*.

et donc de transmettre les techniques et les sciences avait radicalement muté, mais que nous continuions à agir comme si rien ne s'était passé, comme si peu ou pas grand chose ne changeait ou n'impactait en creux nos représentations et nos comportements. Voire qu'inversement, après avoir noyé les angoisses de la modernité dans les années folles puis pendant les Trente Glorieuses, la médiation scientifique avait plutôt servi à poursuivre le divertissement (*the show must go on*) alors qu'une dépression économique s'installait durablement dans le pays, et à entretenir le rêve d'un progrès possible et souhaitable de l'humanité grâce aux sciences et aux techniques. Et si, en effet, les bataillons de médiateurs scientifiques ont moins été formés et envoyés pour donner les clés de compréhension de l'emploi *réel* des sciences ou des techniques dans la société, mais pour maintenir cette dernière dans l'illusion du progrès, on comprend mieux pourquoi, aujourd'hui encore, au moment où la médiation scientifique cherche un nouveau souffle, elle a le douloureux sentiment de tourner en rond.

Le *mythe* du progrès est aussi celui de la scientificité, c'est-à-dire la croyance moderne qui présente la science comme *le lieu d'une vérité universelle.* C'est un mythe d'abord et avant tout car, en s'installant progressivement et collectivement, il a masqué ses sources, rendant suspect quiconque en dénonçait le caractère mythique[41]. Un mythe se raconte, se vit ou se subit, il ne s'argumente ni ne se débat ; il possède par ailleurs ses savants et ses profanes, son organisation, ses cérémonies[42]... La science comme vérité ou nouvelle source de valeurs de vérité pour l'ensemble de la société occidentale d'abord, pour l'humanité ensuite, est une représentation qui s'est fixée dans l'inconscient collectif à travers le *scientisme*, inspirée par les travaux d'Auguste

41 Voir le rôle ambigu joué par le mythe dans les écrits de Platon, auquel il a généralement recours dans l'élaboration de ses dialogues socratiques, sous la forme de récits ou de fables pour introduire un point délicat d'une thèse, vraisemblable, mais dont on ne peut dire s'il est vrai ou s'il est faux de manière formelle, certaine (« Écoute donc, comme on dit, une fort belle histoire, que tu prendras peut-être pour un conte *(μυθον), mais que je tiens pour une histoire vraie (λογον) ; et c'est comme véritable que je te donne les choses dont je vais te parler*». PLATON, *Gorgias*, 523a. In Œuvres complètes. Éditions « Les Belles Lettres », Paris 1984). Raconté par les poètes et autres gens habiles en choses divines, le mythe n'enseigne pas, il montre plutôt qu'il ne démontre, il donne à voir. Et s'il ne «*persuadera pas les habiles, il convaincra les sages*» (*Phèdre*, 245b). Inspiré des histoires anciennes et sacrées, des poèmes orphiques, il propose une instruction pratique n'ayant pas la nature apodictique d'un raisonnement dialectique, d'une démonstration, d'un discours. S'il n'est pas présenté comme un élément rigoureux de sa philosophie, le mythe chez Platon a toutefois une place en tant qu'opinion vraie (*αληθεις δοξει, Ménon* 85c) ou opinion droite (*ορθη δοξα, Ménon* 97c). Pour exemple d'un usage du récit mythologique chez Platon, se référer à la question de l'anamnèse (ou réminiscence) sans laquelle aucune connaissance à strictement parler n'est possible, anamnèse qui se présente comme hypothèse dans le *Ménon* (85d et suivants), et semble pourtant discrètement adoptée comme doctrine dans le *Phédon* (72c et 75b).

42 C'est le sujet du documentaire de création que nous avons réalisé en 2012, *Rituels de la science, science du rituel*, confrontant sans commentaire une expérience dans un laboratoire de recherche en France, et une cérémonie rituelle dans un lieu consacré au Bénin. Ce film a été édité en DVD, inclus dans les actes des *Troisièmes ateliers sur la contradiction*, publié par les Presses des Mines « Libres opinions » en 2014.

Comte notamment, et formulée en 1890 par Ernest Renan dans *L'Avenir de la science* comme la volonté «d'organiser scientifiquement l'humanité». La colonne vertébrale du scientisme repose sur l'idée à caractère philosophique que non seulement la vérité (absolue) existe, s'imposant donc à toute créature pensante et en tout temps, mais qu'elle n'est jamais aussi bien produite que par la science, laquelle englobe et parachève ainsi la métaphysique. La vérité de la science, qui est science en vérité – portée par la raison raisonnante et non l'affectivité – la rend valable universellement et intemporellement. En conséquence, parce qu'elle est vraiment universelle, la science devient essentiellement puis nécessairement transmissible, ici et ailleurs. En toute logique, il ne reste plus qu'à la rendre communicable et partageable dans la pratique. Pour franchir ce pas, une fois les bases idéologiques posées, il importe qu'une confiance soit accordée par la société dans sa majorité à la science ainsi conçue. C'est là qu'intervient un des rôles joués en son temps par la vulgarisation scientifique, qui trouve à se reproduire dans la médiation scientifique aujourd'hui. Comme le souligne avec pertinence Baudouin Jurdant dans son travail de thèse *Les problèmes théoriques de la vulgarisation scientifique,* «le substantif *vulgarisation* n'apparaît justement qu'à l'apogée du scientisme, et directement associé à la science». Il se fonde «sur une universalité inhérente au discours scientifique lui-même»[43], qui se donne comme discours de vérité. Si la philosophie apporte une justification théorique au scientisme, la vulgarisation lui donne une base pratique. Son utilisation sera politique. La vulgarisation devient le moyen grâce auquel la science obtient une participation sociale large à son projet universaliste. C'est par la vulgarisation, ainsi que l'avait entrevu Auguste Comte en souhaitant l'application et la diffusion d'une éducation scientifique à tous et partout, que l'esprit scientifique classique (et ses postures normatives) a pu et dû être accepté par la société, voire les sociétés. On découvre par là que la vulgarisation, et plus tard la médiation scientifique telle que nous l'avons décrite dans un premier temps, n'est pas la simple communication, transmission ou information scientifique. Elle est une véritable *opération.* Vulgariser, c'est non seulement «transposer à l'usage de tous ce qui a été conçu et élaboré dans le langage de quelques-uns», à savoir celui des scientifiques, mais aussi transformer «la *différence* savoir / non savoir en un rapport social»[44]. Ce point est crucial: la vulgarisation scientifique, dont est héritière en partie la médiation du même nom, est le processus *alchimique* qui, entérinant une certaine façon de dissocier la connaissance de l'ignorance, «permet à la science de rétablir le rapport de son propre langage au monde, et d'y impliquer les rapports sociaux. Or ceci nous semble coïncider parfaitement avec les fonctions du mythe comme narration»[45]. Nous disons que la médiation scientifique est redevable de la vulgarisation scientiste sans toujours en prendre la mesure, en ce sens où le projet d'une éducation universelle à partir des sciences, indiquée par Auguste

43 Baudouin JURDANT, 1973. *Op. cit.,* p. 15.

44 Baudouin JURDANT, 1973. *Op. cit.,* p. 83.

45 Baudouin JURDANT, 1973. *Op cit.,* p. 102.

Comte après Fontenelle[46], a mis du temps à s'imposer à la lettre, même si l'esprit s'est diffusé. Il lui manquait des outils performants pour se réaliser pleinement. L'industrialisation au XIXe siècle commence à lui apporter les moyens de sa reproductibilité, mais c'est la seconde partie du XXe siècle qui lui donne les outils de son universalisation avec la communication de masse.

Ainsi et paradoxalement, le projet scientiste a pu se concrétiser alors même que la science contemporaine y avait déjà renoncé, de par son évolution radicale dès le début du XXe siècle, avec le surgissement de la théorie quantique. Tout se déroule en somme comme si la médiation scientifique, oblitérant et enjambant les mutations de la science au siècle dernier, aidait finalement le vieux mythe dix-neuvièmiste de la scientificité à se perpétuer. Et de se demander une fois encore si *nous n'avons jamais été modernes*[47]. La médiation scientifique est aussi une opération *magique* qui agit sur la perception de la science dans la société en transformant les questions scientifiques en rapports sociaux, par le biais de l'*action culturelle*. Elle joue bien sur l'idée que «l'homme moderne pourrait intégrer plus facilement, sur le mode d'une *participation culturelle*, les transformations que la science et la technique font subir à son environnement quotidien. D'un tel but, (elle) tire son caractère humaniste, voire humanitaire, et démontre sa nécessité»[48]. Reste la possibilité qu'elle serve, si elle demeure figée à ce stade, un tout autre objectif. Jurdant parle de la vulgarisation comme d'un symptôme. Ce n'est pas la science elle-même, le symptôme, «c'est le moyen qu'elle se donne pour s'inscrire sur le corps social»[49], ou plutôt qu'une certaine partie de ce corps social (la vulgarisation hier, la médiation aujourd'hui) se donne pour l'y inscrire. La vulgarisation est le symptôme, «la cicatrice de l'aventure scientiste du XIXe»[50] au cœur de notre société, qui maintient l'illusion qu'un *savoir de la vérité* est possible, incarné par la science, rendu opérationnel par les techniques. Il est dès lors légitime de s'interroger au sujet d'une science qui tiendrait sur elle-même par le seul statut

46 Dans ses *Cours de philosophie positive* (1830-1842), Auguste Comte, après avoir affirmé que les hommes ont besoin de méthode et d'éducation (25e Leçon, II, 144-145), souligne que toute méthode ou éducation doit être dirigée «par une première conception rationnelle, très générale sans doute mais pleinement positive, de l'ensemble du développement fondamental de l'humanité» (48e Leçon, IV, 232-235), in Auguste COMTE, *Philosophie des sciences*, textes choisis (Presses universitaires de France, Paris 1974, p. 176). L'écrivain et scientifique Bernard Le Bouyer de Fontenelle (1657 – 1757), membre de l'Académie française puis secrétaire de l'Académie Royale des sciences, fut quant à lui reconnu *a posteriori* comme l'inspirateur des «formes et styles de la vulgarisation» selon Maurice Roelens (*Fontenelle,* Éditions sociales 1966, cité par JURDANT, 1973. *Op cit.*, p. 12), dans la rencontre qu'il provoque entre la littérature et la science.

47 Titre du livre de l'anthropologue Bruno LATOUR, 1991. *Nous n'avons jamais été modernes.* Éditions La Découverte, Paris.

48 Baudouin JURDANT, *op. cit.,* p. 47.

49 Baudouin JURDANT, *op. cit.,* p. 166.

50 Baudouin JURDANT, *op. cit.,* p. 14.

socio-politique qu'elle a acquis grâce à la vulgarisation, laquelle a contribué à son acclimatation dans la société, et lui a apporté en sus la réflexivité dont elle a besoin pour se penser, se mettre à distance et se renouveler[51].

La médiation scientifique est bien fille de ce travers vulgarisateur. Et parce qu'elle n'est pas lucide à ce sujet, elle peine à s'ajuster, à adapter son positionnement, à déjouer ce que la psychanalyse américaine appelle des *behaviour patterns,* ses structures de comportement et leurs effets. De la sorte, elle poursuit inconsciemment un but qu'elle dénonce souvent consciemment.

Or il lui serait possible de se décaler, du fait que le scientisme dont elle est la légataire abusée n'est plus défendu par les scientifiques eux-mêmes, et ce depuis fort longtemps. La science a profondément changé alors que l'attitude de la société face à la science reste sclérosée jusque dans sa critique, confortée par la vulgarisation d'abord, par sa parente la médiation scientifique ensuite. Loin du mythe de la scientificité maintenu artificiellement, les transformations de la science n'ont pas été prises en compte dans toute leur ampleur. La révolution a eu lieu, et sans en saisir les complexités nous en avons tous entendu parler à travers ses figures tutélaires : Planck, Einstein, Bohr, Heisenberg, Schrödinger. La physique quantique, en bouleversant les sciences, aurait dû globalement révolutionner notre vision du monde, notre place dans le monde, ainsi que les travaux de Copernic, Galilée, Descartes puis la mécanique de Newton l'avaient fait en leur temps. Or, si pour une grande part, le point de vue des scientifiques a été vivement revu et corrigé, ce bouleversement ne connaît qu'une diffusion très lente au sein de notre héritage culturel à tous, dans le regard de la société contemporaine.

Cette lente diffusion s'explique dans la mesure où la nouvelle vision quantique a fait perdre beaucoup de repères à une collectivité confortablement installée dans son univers scientiste sur lequel elle avait bâti son équilibre *civilisationnel.* Radicalisant la révolution copernicienne, la révolution quantique a replacé l'Homme au centre de l'univers (un curieux retour à l'anthropocentrisme), toutefois un Homme différent, qui n'est plus le sens et le but de la création, le maître à plus ou moins brève échéance d'une nature domptée, le pivot d'une organisation immuable, le tenant d'une vérité absolue, universelle et scientifique ;

51 Jurdant insiste sur ce point, en soulignant que la vulgarisation impacte peu les publics en terme de connaissance scientifique. Par contre elle sert d'abord et avant tout la science, en ce qu'elle lui permet de prendre une certaine distance avec elle-même, de mieux se comprendre, d'entrer en réflexivité. En ce sens, c'est aux scientifiques qu'il revient d'abord et avant tout de vulgariser, c'est à dire d'oraliser la science qui généralement passent par l'écrit pour circuler (les publications notamment) : il faut aux scientifiques *parler* la science pour mieux la comprendre. (Baudouin JURDANT, 2009. « Communication scientifique et réflexivité ». *Espaces réflexifs* 2012. http://reflexivites.hypotheses.org/695). D'où la distinction que nous faisons entre le vulgarisateur et le médiateur scientifique, dont le métier très spécifique apporte une *valeur ajoutée* que ce chapitre tente de circonscrire.

mais un Homme qui participe à l'ordre variable dont il est un nouveau centre, co-responsable de l'ordre des phénomènes naturels, responsable de son habitat terrestre, voué à interagir dans un milieu assez complexe pour que ses actes soient vite imprévisibles, un monde où la vérité existe encore, mais une vérité circonstancielle, relative au champ où elle se déploie. Il va sans dire que les conséquences symboliques donc politiques d'un tel renversement sont énormes, car elles portent sur des points d'articulation et des idées perçues comme fondatrices de notre civilisation. Ce qu'accompagnent les grandes révolutions scientifiques n'est pas seulement une déstabilisation de la vision du monde. Plus profondément, elles entraînent (ou devraient entraîner) une transformation de notre façon de comprendre les sciences. Alors qu'il s'agissait chez Aristote de découvrir grâce aux sciences les « causes premières » et les « prédicats essentiels » de la nature, puis avec Newton de décrire, voire d'expliquer les événements par des lois ou des rapports systématiques entre eux, il s'agit avec la physique quantique de prévoir les phénomènes pouvant résulter de notre mise en rapport expérimentale avec « l'univers microscopique ». Comme l'énonçait Michel Bitbol dans une conférence inspirée de l'ouvrage qu'il a dirigé, *Théorie quantique et sciences humaines*[52], il n'est plus question *de décrire le monde mais d'anticiper l'effet de nos rapports possibles avec le monde.* Dans le paradigme classique, la nature est là, donnée d'avance, l'objectif étant de la comprendre. Le modèle de connaissance affilié suppose un organisme qui reçoit des informations du monde et agit en retour sur lui. Entre les *inputs* et les *outputs* se déroule un calcul symbolique qui s'effectue conformément à une représentation fidèle du monde et de ses objets. Dans le nouveau paradigme induit par la révolution quantique[53], qui n'annule pas le premier mais le circonscrit, le monde n'est plus à comprendre de manière essentielle : l'important, ce sont nos rapports avec un monde dont nous ne pouvons nous extraire complètement pour le décrire. Le modèle de connaissance associé propose un organisme soumis à des perturbations chaotiques, imprédictibles. Il s'y adapte pour survivre et maintenir son *équilibre homéostatique* (mécanisme interne d'équilibre et de régulation d'un corps préservant son intégrité). Ses comportements adaptatifs définissent des éléments signifiants dans le milieu, qui sont traités comme objets par l'organisme. Dans ce changement de modèle, où « les états de choses ne peuvent pas être complètement séparés du processus de connaissance à travers lequel nous en venons à les poser »[54], c'est l'ensemble des relations désormais indissociables entre l'homme et son environnement qui est ou devrait être réévalué, et questionné

52 Voir *Théorie quantique et sciences humaines*, sous la direction de Michel BITBOL, 2009. CNRS Éditions, Paris. Ce livre collectif creuse les pistes d'influence possibles de la théorie quantique dans la société, et nous rappelle que l'approche quantique du monde ré-ouvre des portes fermées par la science classique institutionnalisée, inspirantes pour la médiation scientifique.

53 Le biologiste et philosophe Francisco J. VALERA l'appelle le paradigme de l'autonomie. *Autonomie et connaissance. Essai sur le vivant.* Éditions du Seuil, Paris 1989.

54 Werner HEISENBERG, 1942. *Le manuscrit de 1942.* Éditions Allia, Paris 2003.

le prisme même de la science comme outil *en surplomb* pour saisir le monde. Cette situation qui «nous rappelle instamment cette ancienne vérité que nous sommes aussi bien acteurs que spectateurs dans le grand drame de l'existence» comme le soulignait Niels Bohr, fut et reste potentiellement inconfortable à notre société qui s'agrippe à des fondations qu'elle croyait stables. Elle ouvre à des «libertés» existentielles encore difficiles à *ré*-appréhender[55] : l'incertain, l'infondé, l'aléatoire, les *réalités fugaces* jouent de nouveau un rôle primordial, alors que nous avions désappris à les penser et en user - contrairement à certaines civilisations ou à d'autres périodes de notre propre histoire[56]. La physique quantique, délicate d'accès pour tout un chacun car elle semble aller à l'encontre du sens commun, oblige à assouplir notre esprit pour concevoir cet univers redevenu étrange. Car, ne jugeant pas les états stabilisés du monde mais évaluant ses potentialités, elle porte plus sur notre façon formatée de considérer un problème, que sur la difficulté du problème lui-même. «Les énigmes et paradoxes de la mécanique quantique surgissent parce qu'on *croit* qu'elle est une description plus ou moins complète du monde, alors qu'elle se contente de faire un inventaire de nos *rapports* possibles avec le monde! Elle ne décrit pas la position d'un objet dans son milieu, mais délimite une région de connaissance dans laquelle se déplient les rapports de l'objet à son milieu»[57]. La connaissance même scientifique n'est plus bâtie sur un socle solide et universel, elle est connaissance se sachant connaissance et perd ainsi son caractère idéologique si présent dans le scientisme; la connaissance acquiert désormais un caractère *relationnel.*

Les sciences sont bouleversées en tant que telles, et avec elles notre approche du monde. Comment la médiation scientifique peut-elle s'emparer entre autres

55 De nouvelles libertés avons-nous dit, donc de nouvelles responsabilités, et de nouvelles angoisses. Vertige, abysse, absence de fond, fuite à l'infini de relations en relations, Alain ERHENBERG dans *La fatigue d'être soi. Dépression et société* (Éditions Odile Jacob, Paris 1998), parle de la dépression comme d'une «pathologie de la responsabilité». Si cette expression s'applique chez l'auteur à un niveau individuel, elle pourrait par ailleurs s'appliquer au collectif et donner une des clés de la morosité ambiante des sociétés trop conscientes de la responsabilité nouvelle, abstraite, dont parle Hans Jonas.

56 Voir le texte remarquable de Jean-Pierre VERNANT et Marcel DÉTIENNE (1974), *Les ruses de l'intelligence. La mètis des Grecs* (Flammarion «champs», Paris), sur cette forme de pensée engagée dans le devenir et dans l'action, négligée par les philosophes et leurs exégètes au nom d'une métaphysique de l'être et de l'immuable sur laquelle notre civilisation s'est construite: «La mètis est bien une forme d'intelligence et de pensée, un mode de connaître; elle implique un ensemble complexe d'attitudes mentales, de comportements intellectuels qui combinent le flair, la sagacité, la prévision, la souplesse d'esprit, la feinte, la débrouillardise, l'attention vigilante, le sens de l'opportunité, des habilités diverses, une expérience longuement acquise; elle s'applique à des réalités fugaces, mouvantes, déconcertantes ou ambiguës, qui ne se prêtent ni à la mesure précise, ni au calcul exact, ni au raisonnement rigoureux» (p. 10).

57 Michel BITBOL, 2009. Conférence donnée aux Rencontres de l'Hôtel de Ville à Saint-Étienne, en décembre 2009. Elle peut être écoutée à cette adresse: http://www.r2sciences42.com/Michel-Bitbol-la-philosophie-de-la

de ces éléments pour faire son travail, c'est-à-dire pour réaliser l'opération de transfiguration des sciences en des rapports sociaux, en jouant ces bouleversements dans des actions culturelles ? Il n'est évidemment pas question de faire de chaque médiateur un spécialiste de la théorie quantique, même si des outils de vulgarisation existent sur ce sujet[58]. Encore moins d'informer par le détail les publics sur des connaissances aussi complexes. En revanche, la *méthode* de la physique quantique permet des rapprochements féconds non seulement avec les sciences cognitives, mais encore avec les sciences humaines et sociales, où des situations de connaissance sont comparables : à ce titre elle intéresse le champ de la médiation, qui s'attache à envisager quelle *culture* devient possible grâce aux évolutions scientifiques. Pour la médiation, ne sera alors plus visée la compréhension du monde, mais sa perception. « La perception n'est pas la saisie d'une forme, mais la solution d'un conflit, la découverte d'une compatibilité, l'*invention* d'une forme »[59]. Par la création d'un dispositif de médiation, seront *mis en situation* dans des actions concrètes non pas le regret d'une connaissance « seulement » relationnelle, la crainte de l'absence de fondement et l'espoir dans une science future qui rétablira l'édifice du savoir sur des bases fermes, mais le fait d'*assumer la condition humaine* qu'implique la science moderne, d'accepter *le caractère relationnel de la connaissance* et de voir ce que cela permet de clarifier.

L'idée que la médiation scientifique s'empare des pistes ouvertes par les mutations des sciences et des techniques n'est pas aussi abstraite qu'il y paraît. Très prosaïquement d'abord, elle permet d'admettre que la médiation ne rêve en rien ou si peu le difficile transfert de savoirs scientifiques auprès du grand public, dans le but exemplaire de faire naitre des vocations ; tout au plus, et c'est déjà remarquable, réussit-elle à le sensibiliser. Elle conduit ensuite à privilégier un type de médiation, une médiation *humaine* active qui invite les participants à expérimenter ce nouvel esprit scientifique, qui ne date toutefois pas d'hier : le type de médiation proposée raconte déjà quelque chose des sciences et des techniques dont elle est censée entretenir les publics[60]. Elle incline enfin vers une médiation scientifique concernée d'abord par la place du citoyen, et plus

---

58 Le projet de design quantique de Marianne Cardon, présenté lors de la Biennale internationale de design de Saint-Étienne 2015, propose une médiation scientifique à travers une malle pédagogique et des expériences simples visant à donner à voir la quantique autrement http://www.designquantique.fr/projet/tutti (partenariat ENSCI-Les ateliers, CNRS, Paris Sud, Diagonale Paris-Saclay). Voir également le site consacré à la vulgarisation des notions principales de la physique quantique : http://toutestquantique.fr/. Ces initiatives mettent l'accent sur l'importance d'une médiation par l'image pour des sciences qu'il devient de plus en plus difficile de voir concrètement dans les laboratoires, car ce sur quoi elles travaillent n'est pas perceptible. Il faut donc trouver des moyens de représenter cette science, ce à quoi s'attelle de plus en plus certains acteurs du design.

59 Gilbert SIMONDON, 1989. *L'individuation psychique et collective.* Aubier, Paris 2007, p. 76.

60 En ce sens l'expérience que nous avons tenté auprès du jeune public dans l'espace de médiation du CCSTI La Rotonde est à peu près inverse à ce qui se pratique à la Cité des enfants, au cœur du centre commercial des sciences de la Villette. Basé uniquement sur des expositions ateliers, où la

généralement celle de l'humain, dans un environnement où les sciences et les techniques ont une charge majeure. Quelle société devient concevable dès lors qu'elle est inéluctablement irriguée, influencée et impactée par ces dernières ? C'est en ce sens que les conceptions induites par les méthodes de la physique et de la mécanique quantiques doivent pouvoir trouver une *translation* dans la pratique de la médiation scientifique, qui agit sur la contextualisation et la représentation plus que sur les contenus et la connaissance. L'important au fond n'est plus l'outil, ni les actualités scientifiques à divulguer même s'il ne faut pas les évacuer, mais l'accompagnement proposé autour, l'environnement créé pour rendre compte de ces domaines et de leurs hypothèses : les outils, qu'ils soient traditionnels ou innovants, deviennent ainsi et avant tout des terrains d'expérimentations[61]. La particularité de la médiation ne porte pas sur ses productions culturelles (elles ont leur portée et sont souvent de très bonne qualité dans la plupart des centres de sciences), mais sur la place du public dans les dispositifs qu'elle agence ; et en interaction avec eux sur le comportement du médiateur au cœur de son outil, présence humaine indispensable à toute médiation digne de ce nom ; enfin sur le discours, la *parole* primordiale qui accompagne le support.

Si le but est bien de dépoussiérer les sciences en transformant leur perception par la société[62], de combler le fossé creusé entre le monde de la recherche et les publics, il ne saurait être atteint en polissant des outils neufs pour informer les publics sur des sujets pointus ; mais plutôt en prenant de la hauteur, en montrant les sciences contemporaines dans leur mouvement, dans ce qu'elles véhiculent au sein de la société, en particulier en matière de valeurs. Ainsi une médiation scientifique qui opèrerait une transduction des signaux *quantiques* de la science en d'autres perceptibles par la majorité, mettrait l'accent sur la démarche

présence de la médiation est permanente et mouvante, cette médiation est pensée selon les publics, en interaction avec eux en fonction de leur réactivité ou de leurs connaissances.

61 Cela concerne autant les expositions, dont l'aspect « atelier » est dès lors prépondérant (le fameux slogan « il est interdit de ne pas toucher »), que les malles scientifiques bien sûr, supports d'expériences multiples ; mais aussi toutes les autres activités de médiation scientifique comme l'ingénierie de projets partenariaux ou la création d'espaces en lien avec le numérique, à l'image des *fab labs* dont le principe est la fabrication par soi-même et selon ses besoins avec des machines-outils pilotées par ordinateurs mises à disposition dans un lieu ouvert aux publics. Dans l'ensemble de ces dispositifs, la médiation doit rester humaine, présente, fluide et permanente.

62 La raison de la difficulté de la société, en particulier des jeunes, à s'intéresser à la science dont elle serait de plus en plus distante est peut-être moins due à une complexification anormale des sciences car ayant toujours été peu accessibles à la plupart, qu'à la manière de l'envisager et de la présenter aux publics aujourd'hui, en s'appuyant sur ce qu'elle est devenue. On peut en effet s'étonner qu'à la question « à quoi ressemble un chercheur ? » que nous avons posée à des élèves de primaire lors d'une des actions du CCSTI La Rotonde en 2015, un petit florilège des réponses fréquentes a pu donner l'idée du travail qu'il reste à faire ou de l'impact réel des actions de CSTI en matière de connaissances du monde scientifique : « barbu, ridé, il ressemble à un chasseur, il travaille dans des grottes préhistoriques, en blouse blanche, en noir pour se cacher la nuit, comme Frankenstein, il ne sourit jamais ».

scientifique attentive aux processus plutôt qu'aux données, sur l'attachement à la relation entre les choses plus qu'aux états de choses, sur l'intérêt pour les modalités ou *situations* de connaissance plus qu'à la connaissance en vérité, sur l'aptitude à mettre en débat ses acquis, sur l'ouverture au possible, sur le discours d'une méthode qui permet de « se maintenir dans l'incertitude, celle qui rend la pensée mobile, curieuse et féconde[63] », autant de valeurs qui apportent aujourd'hui encore des éléments inspirants pour une intelligence du monde plus adéquate, et dont les résonances croisées peuvent nourrir une réflexion pour la CSTI. De même, les actions culturelles à caractère scientifique ne doivent pas hésiter à s'emparer de certaines matières de la culture technique, non pour se contenter de valoriser les trouvailles technologico-industrielles, mais pour les considérer de façon oblique, c'est-à-dire comme souvent en se plaçant à la jonction des disciplines. Il leur appartient de mettre à distance la question technique pour la transformer également en projet culturel, dans un lien constructif avec les publics. Le concept transdisciplinaire d'anthropocène, où la place de l'Homme dans le monde est en perspective avec les techniques, peut par exemple être une entrée. Il reste entièrement pertinent à l'heure où le mythe du progrès humain grâce aux sciences demeure toujours vivace même s'il est *déréalisé*, mythe par lequel se diffuse à grande vitesse l'idéologie transhumaniste, dernier avatar de la « honte prométhéenne »[64] dont parlait Günther Anders : ce sentiment qui, tout en dévalorisant l'humain en l'Homme, le pousse plus loin encore à se réifier dans une soumission volontaire à la machine. Le cocktail est explosif entre ce scientisme sourd et revisité, le développement exponentiel de technologies inouïes comme l'intelligence artificielle (notamment dans le cadre des réseaux dits sociaux), et la privatisation rampante du secteur social dont nous avons parlé. Un tel constat renforce notre responsabilité sur l'avenir, sur la possibilité même d'un avenir dans le cadre d'un développement durable de l'humanité qui est l'affaire de tous. Cela nécessite plus que jamais une éthique individuelle et une prise de conscience collective *environnementales*[65], qui peuvent et doivent être mises en situation, en jeu et en débat, par les outils de la médiation scientifique.

---

63 Jean-François BILLETER, 2014. *Lichtenberg*. Éditions Allia, Paris.

64 « *La honte qui s'empare de l'homme devant l'humiliante qualité des choses qu'il a lui-même fabriquées* ». Günther ANDERS, 1956, *op. cit.* p. 37.

65 Les conséquences sur nos comportements et modes de vie de l'atteinte des limites planétaires pour différents processus naturels appellent également, afin de limiter nos pressions sur l'environnement, la mise en place d'une véritable évaluation environnementale, comme moyen de construire de nouvelles représentations. Ces outils d'évaluation ne peuvent plus se contenter d'être l'objet de « simples » recherches théoriques, mais servent d'abord d'aides à la décision pour les questions liées à la durabilité, l'empreinte écologique ou la transition énergétique, ils se positionnent dans une logique de recherche action, voire plus encore de *recherche intervention*. Ce sujet est abordé dans les travaux de Natacha GONDRAN, en particulier la publication : « L'empreinte écologique : vers un nouveau paradigme pour l'évaluation de la durabilité ? », http://www.researchgate.net/profile/Natacha_Gondran, 2015.

L'objectif en somme est de sortir la médiation scientifique de sa position schizophrène, qui accepte le rôle d'aide-soignante auprès d'une société au corps accidenté. Cette société sent toujours le membre qu'elle a perdu – bien qu'il ne fût qu'une béquille et voudrait devenir prothèse ou implant (l'idéologie d'un progrès humain possible grâce aux seules avancées scientifiques et techniques) –, mais continue à faire comme s'il existait encore, tout en constatant avec une certaine stupeur sa disparition tant il continue à la démanger régulièrement. Or, si la médiation doit s'affirmer pleinement dans son rôle, parfois même quand cela est justifié contre les politiques publiques, elle ne peut le faire sans proposer une version actualisée et intégrée des sciences et techniques. Leurs métamorphoses réclament le rajustement du métier de médiateur, en lui donnant toute sa dimension eu égard au rôle qu'il a joué par le passé et dans l'intérêt commun de l'ensemble des parties. Notre programme n'est pas celui négatif de la déconstruction devenue inopérante[66]. Il vise à donner l'image d'une science contemporaine capable aujourd'hui encore de proposer de nouveaux modèles de société, comme elle a toujours su le faire. La fabrication du monde qui vient ne saurait advenir avec justesse sans une attention soutenue aux sciences et aux techniques dont il ne convient plus de vanter ou déplorer une existence désormais irrémédiable et acquise, mais dont il faut tenir assurément compte parmi d'autres critères pour imaginer demain. Simplement, cette construction ne peut plus se faire à l'exclusion des autres champs qui composent la société, mais en conversation et en concertation avec eux. C'est le message de la société que doit porter la médiation scientifique vers les sciences, et que résume un manifeste en faveur de sa responsabilité et de sa réflexivité : « nous appelons donc de nos vœux une médiation scientifique qui explicite les modes réels de production des savoirs, faits d'erreurs sans cesse corrigées et d'ajustements, qui reconnaisse les limites de la science et qui n'occulte pas ou ne se dédouane pas des épisodes sombres de l'histoire auxquels elle est liée. Une médiation scientifique qui conquiert la crédibilité de la science en reconnaissant par suite son incapacité à diligenter seule la marche du monde »[67].

La médiation scientifique a donc une responsabilité civique, et ne peut s'en affranchir à moindre frais. La mise en situation des sciences et des techniques dans les outils de

66 La science, dans ses liens spéculatifs avec la raison ou pratiques avec l'industrie militaire par exemple, est aussi la victime depuis de longues années d'attaques répétées et parfois extrêmement virulentes, des plus idiotes aux plus argumentées. Elle s'est par ailleurs elle-même essayée à des exercices d'auto-analyse (ainsi le recueil de textes réunis par Alain JAUBERT et Jean-Marc LÉVY-LEBLOND en 1973 sous le titre *(Auto)-critique de la science*, Éditions du Seuil, Paris). Bougeant les lignes à leur époque, de telles diatribes desserviraient aujourd'hui leur objectif, en des temps où le risque de peste brune et de choléra voilé devient trop important pour ne pas fédérer toutes les énergies et inventer un nouveau pacte social où la science a toute sa place.

67 Le collectif Révoluscience a proposé ce manifeste en 2010, souhaitant avec succès provoquer discussions et réflexions sur les enjeux et pratiques de la CSTI. http://revoluscience.eu/, et pour les réactions que cette publication a entraînées, http://www.sciences-et-democratie.net/

la médiation donne à cette dernière une chance de pouvoir s'émanciper de son rôle automatique de vulgarisation, pour devenir pleinement ce qu'elle est en déployant son potentiel: car la médiation appartient au domaine de la relation, non à celui du renseignement ou de l'enseignement. La position du médiateur est d'emblée plus proche de ce que Jacques Rancière appelle dans sa réflexion sur la pédagogie le *maître ignorant*[68], et qui pourrait être une source sérieuse d'aspiration pour ce métier, renouant avec quelques intentions premières de la CSTI. Le médiateur a la capacité d'être celui qui sans pression, n'étant ni éducateur ni instructeur, stimule la curiosité sur le mode du jeu dont l'importance vient qu'il n'y a rien à gagner ou à perdre, incite à une émancipation intellectuelle en comptant sur l'intelligence des acteurs, s'adresse aux savoirs du public et non à son ignorance, active en pratique l'égalité en droit. Cela dépend de la manière appropriée ou non avec laquelle il conçoit l'outil qu'il dispose dans sa médiation. Impliquer dans l'élaboration, inclure dans l'expérimentation, galvaniser dans la création, ouvrir l'horizon(talité), faire faire, tels devraient être les *leitmotivs* du médiateur dans sa modernité, même s'il reste aussi et de façon complémentaire un informateur pour des publics souvent demandeurs. En évitant de s'adresser d'abord au *consommateur culturel* qui veille en nous, mais par l'usage de la parole qu'il propose à ses partenaires et publics dans ses actions, le médiateur peut aider chacun à entrer avec lui en réflexivité sur les sujets scientifiques et techniques au sein de la société.

Considérants ces *peu pensés* du champ qui nous préoccupe, nous pouvons relire et reprendre le fil des fonctions de tout médiateur culturel, qu'il soit ou non scientifique, telles qu'elles ont été proposées récemment dans le livre synthétique de Serge Chaumier et Bernard Mairesse[69], et en extraire quelques *moralités* spécifiques. Outre le rôle ancien d'animateur culturel plus que de vulgarisateur à proprement parler, les auteurs mettent particulièrement en avant trois autres facettes du médiateur: l'initiateur (sources religieuse et philosophique), le négociateur (juridique) et le traducteur (sociologique).

Associer le rôle d'initiateur à la dimension religieuse nous relie dans notre dynamique de pensée à la question du mythe déjà remémorée, et plus sensiblement au rapport avec le *transcendant*, ou plus «prolaïquement» avec le *décalage*. Très peu de livres sur la médiation des sciences, c'est remarquable, oublient d'évoquer à un moment ou à un autre les divinités, et nous ne ferons pas exception. Comme eux, nous aimerions insinuer que certaines *qualités divines* semblent propres à nourrir la pensée sur la nature de la médiation, et à trouver un écho rénovateur en faveur des compétences attendues de ses pratiquants. Que nous inspirent les dieux

68 Jacques RANCIÈRE, 1987. *Le maître ignorant. Cinq leçons sur l'émancipation intellectuelle*. Éditions Fayard, Paris.

69 Serge CHAUMIER et François MAIRESSE, 2013. *Op. cit.*, pp. 61 à 114.

messagers, ces créateurs de lien que l'on retrouve dans de nombreuses sociétés, à travers les missions qu'ils exercent dans leurs cosmologies et auprès de leurs populations respectives ? Nous avons sélectionné quelques correspondances qui nous ont parues particulièrement éloquentes.

Le plus convoqué des dieux dans les innombrables études universitaires est bien sûr Hermès (Ἑρμῆς) dans la mythologie grecque, que l'on retrouve sous les traits de Mercure chez les Romains, d'*Armis* chez les Daces et *Armes* chez les Scythes, de *Taaut* chez les Phéniciens puis Thot en Égypte, ou associé à *Henoch* dans l'Islam et *Hermòd* dans la légende nordique. Nous reprenons ses caractéristiques principales, souvent citées, soulignant ce qui fait écho à notre propos. Divinité de l'Olympe, fils illégitime de Zeus, Hermès au casque et aux pieds ailés a plusieurs traits distinctifs : il est le *messager* des dieux, celui qui fait le *lien* entre leur monde et celui des hommes. Naturellement donc est-il associé à tout ce qui a trait à la communication ou à la transmission, le rattachant ainsi aux sciences comme l'a définitivement consacré Michel Serres[70].

Hermès est par ailleurs l'inventeur des poids et des mesures. En ce sens, il ne se contente pas de faire passer le message, il est celui qui *met en valeur* ce qu'il diffuse, c'est-à-dire à la fois celui dont la *parole valorise* le message et le pérennise en le transportant, mais également celui qui établit des valeurs, dans une dimension éthique du terme. Il a par sa verve la charge d'inoculer une certaine qualité au message, pour que d'un côté comme de l'autre, selon l'émetteur et le récepteur, celui-là soit entendu avec une justesse dont il a la *responsabilité*, le *talent* et la *fonction* de définir l'équilibre. En *intercédant* auprès de ses interlocuteurs, Hermès apporte littéralement par sa mission une *plus-value* à ce qui lui a été confié. Hermès est par ailleurs le gardien des routes et des carrefours, au *croisement des disciplines* donc : en ce sens, il est moins un guide qu'un *hôte*, celui qui prépare un espace d'*accueil* à la croisée des chemins. Ainsi son rôle n'est pas celui d'intermédiaire entre des mondes vus comme séparés, mais plutôt celui de *créateur d'un espace commun* (un espace public social dirions-nous dans la médiation), permettant la rencontre, le dialogue, la confrontation parfois, l'action entre divers acteurs.

Hermès personnifie également *l'ingéniosité*, la mètis chez les Grecs (intelligence rusée dont nous avons dit en note qu'elle s'appliquait « à des réalités fugaces, mouvantes, déconcertantes ou ambiguës, qui ne se prêtent ni à la mesure précise, ni au calcul exact, ni au raisonnement rigoureux »[71]). Il *invente* des solutions perspicaces à des situations délicates, des formes nouvelles adaptées à des terrains glissants, instables, ou à des associations inhabituelles dont le cadre n'est pas

70 Référence à la série de livres que lui a consacré Michel SERRES, *Hermès* I à V (*La communication, L'interférence, La traduction, La distribution, Le passage du Nord-Ouest*), où est proposée une *hermé*neutique des retentissements de la science dans notre société moderne.

71 Marcel DÉTIENNE et Jean-Pierre VERNANT, 1974. *Op. cit.*, p. 10.

d'emblée prévu ni évident. Hermès incarne le fortuit. Il distribue au hasard, et tout impromptu, tout coup du sort est considéré comme *don d'Hermès*. En ce sens, il *est à tout le monde*, selon Théophraste dans ses *Caractères*. Il apporte « au petit bonheur la chance » ses bienfaits, il ne privilégie pas un individu ou un groupe contre d'autres. Ainsi Hermès, la divinité la plus proche des Hommes, est-il bienveillant autant pour les orateurs que pour les sportifs, les commerçants ou les voleurs, les pasteurs et leurs troupeaux, les voyageurs comme les prostitué(e)s.

En Égypte hellénisée, le syncrétisme ajoute d'autres caractéristiques à Hermès sous la figure de Thot : il est le dieu des *savoirs cachés*, créateur d'une connaissance *herm*étique qui inspirera les travaux ésotériques des alchimistes que furent par ailleurs de très nombreux scientifiques (Newton pour ne citer que le plus célèbre, dont les importantes mais discrètes activités alchimiques furent découvertes tardivement). Sous sa forme plus souterraine, en tant qu'un des conducteurs des âmes vers l'Hadès où vivent les morts, Hermès est considéré également comme un dieu *psychopompe* (guide des âmes) : cette fonction de *passeur* se retrouve souvent figurée par des animaux, notamment des *chiens* (dans le christianisme, les représentations cynocéphales de Saint-Christophe). Dans cette lignée hermétique, une part moins connue des attributs d'Hermès le rapproche de ce que l'archéologue et ethnologue américain Daniel G. Brinton appelait en 1885 le *trickster*. Personnage mythique que l'on retrouve dans la plupart des cultures, le *trickster* est un fripon un peu chaotique, *non conventionnel*, *indépendant*, dont on ne sait s'il est bon ou mauvais. C'est aussi un *médiateur* entre hommes et dieux, franchissant les limites, dépassant souvent les bornes, qui utilise *le jeu*, l'autodérision, l'humour, pour dérouter et mieux *faire la liaison entre des mondes qui sinon se dédaignent,* au préjudice de chacun. Dépourvue de son action, la *société* resterait sans *vie*, sans *supplément d'âme*. On retrouve cette figure notamment sous le nom d'Eshu chez les Yoruba de la Nigéria, ou Legba chez les Fon du Bénin, en Afrique de l'Ouest. Cette divinité messagère est nécessaire pour chaque cérémonie quel que soit le dieu que l'on souhaite honorer : sans elle, aucun message ne peut arriver à destination, aucune relation ne peut être nouée, car elle maîtrise l'art de parler aux hommes comme aux dieux, dont elle connait les langages et sait déjouer les pièges. C'est une entité déconcertante qui joue un jeu sérieux, malicieuse et atypique dans le sens d'*atopos* : elle est là où on ne l'attend pas. Située dans l'entre-deux, profondément humaine au fond, elle permet de mieux *penser et vivre l'impermanence, l'imprévisible, l'incertitude* entre le devenir animal et le devenir divin de l'homme.

L'autre apparence dont se pare le médiateur dans le livre *La médiation culturelle* de Serge Chaumier et François Mairesse est celle du négociateur, renvoyant à cette pratique juridique qui consiste à faire appel à un tiers supposé neutre et impartial dans le cadre d'une résolution de conflits. Différent du conciliateur, sous la tutelle d'une autorité, le médiateur tend en principe à être indépendant. Son objectif garde un caractère diplomatique dont il tire son existence : il œuvre pour trouver un terrain d'entente entre les parties antagonistes. Une chambre professionnelle de la médiation et de la négociation a été instituée en 2001 en France, officialisant et disciplinant ce statut très particulier dans le processus global de la justice. Le rapprochement entre la médiation et son volet légal est une des raisons pour lesquelles certains acteurs culturels se méfient du mot «médiation». S'arrêtant à l'idée d'affrontement entre deux mondes ennemis, ils arguent avec raison que la médiation scientifique, pour parler d'elle, n'a pas vocation à régler des conflits, parce que les acteurs qu'elle relie ne sont pas adversaires. Ainsi ceux de l'Art et de la Science, depuis longtemps complices, pour lesquels il suffit d'entretenir l'amitié afin de ne pas la laisser se faner[72]. La médiation gagnerait toutefois à être moins considérée sous l'angle légaliste, limité souvent à rallier deux bords en désaccord, et se rapprocher de ce que le philosophe Jean-Godefroy Bidima appelle la palabre, ou juridiction de la parole. Ainsi qu'il le souligne dans sa variation sur ce thème: «on évoque la fragilité de la médiation en Occident et l'on reprend à son compte les raisons avancées de ce relatif échec: la prégnance du modèle légal dans les mentalités, l'absence de confiance dans le médiateur et l'*habitus* des magistrats et des avocats peu disposés à utiliser des procédés»[73]. S'appuyant sur la manière dont certaines populations abordent les différentes discordes grâce à la palabre, où la finalité est moins de *surveiller et punir*, mais plutôt de *discuter et racheter* en préservant la dignité de chacun, Bidima donne quelques idées qui seraient utiles à une médiation réussie: le médiateur, usant de l'oralité pour parler à tous la langue des sciences, fait appel à l'intelligence des acteurs réunis dans une même activité qui les concernent, volontaires pour avancer ensemble. Car «toute palabre suppose la prédisposition des groupes ou sujets en débat à mettre en péril leur vérité par la confrontation»[74]. L'approche *non-violente* et néanmoins active de la médiation s'enrichirait de la pratique consciente de la palabre, ayant l'avantage dans ses partenariats de bénéficier de l'engagement prévenant des collaborateurs, condition de leur participation à l'action culturelle que la médiation stimule[75].

72 La thématique Arts - Sciences va de soi depuis longtemps: ce n'est pas une originalité, c'est une donnée constitutive de l'histoire et de la culture des sciences. Parmi les innombrables exemples, rappelons la prestigieuse *Stazione zoologica*, institut de recherche en biologie que l'Allemand Anton Dohrn avait fondé à Naples en 1872, avec le souci pluridisciplinaire d'inviter non seulement les plus grands scientifiques internationaux issus de différentes branches, mais également de très nombreux artistes. Le bouillonnement du lieu est resté légendaire pour l'inspiration mutuelle générée entre ces deux champs. Situé lui-même à leur frontière, l'inventeur Étienne-Jules Marey, un des précurseurs du cinéma, y fit un long séjour.
De nos jours, les préoccupations sociales s'ajoutent aux seuls liens entre arts et sciences, comme en témoignent par exemple les travaux de l'artiste Jean-Michel Bruyère, membre du collectif international Epidemic (www.epidemic.net), projets présentés dans un *Bulletin de l'AMCSTI - les sciences et techniques en culture* n°35, novembre 2011, dédié à la question «de la place des sciences humaines et sociales» dans la CSTI.

73 Jean Godefroy BIDIMA, 1997. *La palabre, une juridiction de la parole*. Éditions Michalon «Le bien commun», Paris, p. 35.

74 Jean Godefroy BIDIMA, 1997. *Op. cit.*, p. 113.

75 Il est exact que cette condition bienveillante n'est pas présente partout, comme l'ont prouvé les «débats» sur les nanotechnologies organisés par la commission nationale du débat public en

La dernière branche où se pose la médiation est celle de la sociologie, où l'agent est vu comme un traducteur, capable de transcrire d'un langage l'autre l'imaginaire d'au moins deux mondes. A la notion de traducteur, il conviendrait d'adjoindre celle d'*interprète*, que nous avons entrevue comme un élément fort des divinités messagères. La traduction, souvent vécue comme infidèle, a besoin d'une interprétation, c'est-à-dire d'une valeur ajoutée qu'apporte le médiateur, et qui rend évidents pour chaque partie les bienfaits d'une telle opération. Le *médiateur* occupe une position singulière, sincère et importante, dont le métier consiste à apporter cette plus-value, que nous commençons à identifier comme la capacité de mettre en situation des objets et des connaissances complexes, permettant d'établir entre eux une liaison réussie grâce à l'*invention* d'une nouvelle forme ; à ce titre et pour ce but, doit-il prendre le risque d'une interprétation dans sa médiation. Le penseur Souleymane Bachir Diagne, vivant entre New-York, Paris et Dakar, déclare dans un entretien : «passer d'une langue à l'autre me permet de voir en quoi les problèmes philosophiques, que l'on dit universels, sont fortement liés aux différentes langues dans lesquelles ils sont formulés. Et donc apprendre à formuler le problème dans une langue et dans une autre me donne une perspective particulière sur le problème lui-même. Je peux penser son universalité d'une manière peut-être plus riche, en traversant plusieurs langues. Celui qui ne connaît que sa langue maternelle, disait Goethe, ne la connaît pas. Il faut pouvoir se mettre à distance de soi, à distance de sa langue, pour mieux la comprendre»[76]. Lorsque ces langages sont ceux des sciences, des techniques et de l'industrie, l'effort reste similaire. Il faut être polyglotte pour faire de la médiation scientifique. Réfléchir les problématiques selon les différents points de vue enrichit leur compréhension : raisonner en plusieurs langues, penser en plusieurs disciplines, si la traduction est une (re)composition, l'interprétation d'un funambule qui se veut à la fois fidèle à l'esprit des champs impliqués et différente sur la forme d'expression, la médiation est inévitablement une activité transversale à plusieurs dimensions.

Il faut à la médiation scientifique revendiquer cette appétence, en ces temps où la pluridisciplinarité est un enjeu majeur de notre société complexe, non dans l'objectif de sa compétitivité et de sa performance (où la médiation serait à la société ce que l'ingénierie biomédicale est au sport), mais plus généralement comme expérimentation d'un *modèle social.* D'autres acteurs l'ont parfaitement saisi et intégré : ainsi certains designers *globaux* qui se positionnent sur l'hybridation des savoirs autour du concept développé par le polymathe William Whewell de consilience, laquelle vise à réunir les différentes disciplines – sciences naturelles,

application du Grenelle de l'environnement, entre 2009 et 2010. Imposés par le haut, sans recours aux acteurs de terrain en particulier culturels, les rencontres virent s'affronter presque partout sur le territoire les tenants du pour et du contre, parfois avec violence, sans que jamais un terrain de *médiation* efficace ait pu être proposé.

76 Souleymane Bachir DIAGNE, 2014. «Du mouvement vers l'universel», entretien avec Arnaud Zohou. Revue *De(s)générations* n°22, *Penser avec l'Afrique.* Jean-Pierre Huguet Éditeur, Saint-Julien Molin-Molette, mai 2015.

politiques, humaines et sociales – afin d'aboutir à une avancée simultanée de la connaissance. Cette tendance que revendique aujourd'hui un design plutôt prospectif placé en *limite des compétences* et interrogeant la rencontre possible et indispensable des différents domaines de connaissance de plus en plus spécialisés, sort justement le designer de sa propre spécialisation pour en faire un généraliste. Ainsi, «les designers sont de plus en plus sollicités pour leur qualité de médiateurs au sein d'équipes pluridisciplinaires mais aussi pour apporter une vision globale à un projet. Le designer n'est plus seulement «producteur de formes mais l'interprète fondamental d'une réalité extraordinairement dynamique»» [77]. Bref, le designer devient le médiateur scientifique contemporain. En effet, la médiation scientifique, généraliste par nature mais insuffisamment ouverte à *toutes* les sciences, développe depuis longtemps l'aptitude nécessaire pour mener des actions situées à la confluence des champs disciplinaires, parfois sous le nom ancien d'ingénierie de projet, sans toutefois revendiquer la pluridisciplinarité comme une source intuitive de créativité, une singularité à part entière, comme une compétence. Il est grand temps pour elle de le faire[78].

Tout cela signifie pareillement, si la culture scientifique entend participer à la culture générale comme elle l'a toujours ambitionné dans son plein droit, que ses agents actifs se doivent en retour être cultivés, c'est-à-dire intéressés par

77 Caroline JOURNAUX, 2009. *Design et Science, de l'image à l'expérience.* Mémoire de fin d'études rédigé sous la direction de Thierry de Beaumont. ENSCI - les Ateliers, Paris, p. 15. La citation dans la citation est extraite du catalogue de l'exposition de Paola ANTONELLI, *Design and the elastic mind.* The Museum of Modern Art, New-York 2008.

78 Un de ces génies généralistes fut le grand scientifique du XVIIIe siècle Georg Christoph LICHTENBERG, savant en de nombreuses disciplines (mathématiques, physique, chimie, astronomie, sciences de la nature). Resté connu pour ses *figures de Lichtenberg* qui se forment autour des électrodes des appareils électriques ou près des points d'impact de foudre, il fut également littérateur, auteur d'un almanach d'articles de vulgarisation scientifique et de textes satiriques, mais encore l'un des plus importants représentants des Lumières en Allemagne (il entretint une correspondance avec Kant). Ce foisonnement intellectuel permanent, ce dialogue intérieur entre ses domaines de recherche et ses observations intimes, Lichtenberg les a consigné jour après jour dans ses *Cahiers* pendant plus de 35 ans, sous forme de plus de 8000 notes écrites dans un style souvent limpide, tout en finesse et en profondeur. Son ouverture pluridisciplinaire a produit des intuitions stupéfiantes. Ainsi écrit-il cent-cinquante ans avant la théorie quantique, note H. 147 : «De quelque manière que nous concevions notre façon de nous représenter les choses hors de nous, elle comporte et comportera nécessairement toujours quelque chose qui lui viendra du sujet. C'est une idée très peu philosophique, me semble-t-il, de considérer notre âme comme quelque chose qui reçoit seulement, car elle prête aussi aux objets» (traduit par Jean-François BILLETER, 2014. *Op. cit.,* p. 80). En ces temps où la spécialisation à outrance a cessé d'être pertinente, revaloriser les postures généralistes et transdisciplinaires, ce qui n'exclut ni la constance ni le sérieux, peut donner lieu à de surprenants et féconds défrichages. Cela rappelle l'avertissement d'Auguste Comte annonçant déjà la vulgarisation : «par suite d'une trop grande spécialisation des recherches individuelles (...) qui tendrait à faire rétrograder l'esprit humain, (...) il suffit, en effet, de faire de l'étude des généralités scientifiques une grande spécialité» (Auguste COMTE, 1830. *Cours de philosophie positive*, 1e Leçon, I, 13, in *Philosophie des sciences*, textes choisis. Presses universitaires de France, Paris 1974, p.46).

autre chose que les sciences «dures». Cela ne signifie pas que chaque médiateur pris individuellement se doit d'être imbibé d'une vaste culture générale. Cette ouverture peut s'entretenir sur le plan collectif, dans la dynamique relationnelle au sein des équipes de médiation. La composition de ces dernières est d'ailleurs un point focal car il touche la transversalité concrète, incarnée; mais aussi la manière de travailler ensemble et donc la qualité de vie au travail, sujet d'actualité s'il en est; et enfin les questions managériales dans les centres culturels, avec l'adéquation entre les discours de la CSTI sur les valeurs et leur mise en pratique. Une équipe de médiation pourrait se concevoir à la fois comme un projet partenarial en soi, et comme un territoire dans le sens où, au-delà d'un espace géographique, politique, social ou juridique, le territoire est d'abord un espace habité, un environnement partagé, transformé par le travail humain. Ainsi compris, l'objet de la CSTI est bien d'inventer de nouveaux territoires, et celui de chaque équipe de trouver son équilibre dynamique en fonction des personnels - partenaires qui la composent. En quoi la notion de partenariat nous aide-t-elle? Lorsque nous nous adressons à un partenaire dans un projet, ou à un collaborateur dans une équipe, il y a plusieurs demandes tacites et attendus de part et d'autre: il s'investira s'il trouve sa place dans la coopération, il fera preuve de motivation s'il y trouve son intérêt propre, il acceptera ses obligations s'il y voit une potentialité d'épanouissement et de maturité professionnelle et relationnelle, il prendra ses responsabilités s'il reçoit une reconnaissance sincère. Aucune action de médiation ne peut se faire correctement sans un ensemble de partenariats, et aucun partenariat réussi ne consiste à imposer un point de vue: il se façonne à partir d'initiatives partagées. Il ne suffit pas que les équipes s'inscrivent dans une démarche pluridisciplinaire, il importe qu'elles soient fabriquées de différents profils qui œuvrent en harmonisation pour la réalisation des opérations de médiation, avec les richesses (ap)portées respectivement par chacun. Plus précisément, les équipes gagneraient non seulement à faire la promotion opportuniste de l'horizontalité de la société, mais à fonctionner elles-mêmes de façon plus égalitaire. L'idée d'un management horizontal, ou mieux d'un *management collectif*, est à explorer, même si cela reste plus confortable à mettre en œuvre dans de petites structures. Si l'objectif de la médiation culturelle des sciences est de véhiculer des valeurs autant (voire plus) que des contenus concernant la culture pour tous, l'innovation ouverte, l'égalité des chances, la citoyenneté, le partage des savoirs dans des projets qui ne sont plus descendants, cela ne peut se faire avec efficacité que si *l'architecture* des équipes permet de comprendre et d'appliquer cette horizontalité, de la personnifier en quelque sorte, avant de pouvoir la mettre en service avec adéquation. On ne peut prétendre promouvoir l'horizontalité là où la verticalité reste la règle[79].

79 L'expérience tentée au sein du CCSTI La Rotonde, qui a l'avantage d'être composé d'une petite équipe, fut de faire de chacun un porteur de projet. Les initiatives venant de qui souhaitait les proposer au collectif (un bottom up appliqué), l'important a été de se concentrer sur les manières de travailler autant que sur les outils. L'idée était également pour chacun de fixer les objectifs à son travail, en

Avec ces nouvelles réflexions, nous pouvons aisément envisager les autres fonctions du médiateur qu'évoquent Mairesse et Chaumier, les présentant comme des perspectives d'avenir: activateur, découvreur, développeur du territoire, c'est-à-dire des personnalités capables de «susciter de nouveaux rapports sociaux, (de) construire de nouveaux collectifs»[80]. Cette conception se lit parfaitement dans l'intention affichée par les acteurs de l'ambitieux projet national «Inmédiats»[81] (Innovations - Médiation - Territoires), dont la volonté est de construire une CSTI «nouvelle génération», et qu'un de ses porte-paroles résume ainsi: «l'ancrage historique des acteurs de la médiation culturelle et scientifique sur les territoires les conduit aujourd'hui à envisager différemment ses dynamiques. Il ne s'agit plus de répertorier un ensemble hétéroclite d'acteurs - dont les centres de science - ni même de constituer des réseaux thématiques, mais bien de considérer le territoire comme un écosystème culturel, économique et social. Ainsi les écoles, les universités, les centres de recherche, les entreprises, les collectivités locales, etc. Les centres de science contribuent à la bonne santé et au développement de leur écosystème. De centres de coût, ils deviennent des centres de profit, car ils génèrent une dynamique positive de fertilisation croisée entre différents acteurs locaux qui ne se croisaient que très peu jusqu'ici. Concrètement, en favorisant la transversalité entre les disciplines, entre les pratiques, comme par exemple entre le milieu de la culture scientifique et

---

agissant et non en étant agi (ce qui transforme toute activité en passivité, ou pire, en indifférence), afin de redonner du sens à son action. Cette approche modifie la fonction de direction souvent entendue comme une instance surplombante à l'impulsion de tout. Le directeur redevient un membre d'une équipe, un médiateur comme un autre pourrions-nous dire, avec un rôle spécifique: celui qui prend la responsabilité de trancher si nécessaire plus que de décider pour les autres, de soutenir plutôt que d'imposer, d'orienter plutôt que de déterminer, d'articuler de par sa position plus politique et globale les élans qui viennent de chacun, de stimuler l'élaboration d'une vision partagée, de reconnaître l'importance des différents membres du groupe dans la fabrication commune du projet de médiation de la structure. Il compose avec l'intelligence des médiateurs dont il s'entoure et avec lesquelles il travaille, souvent bien formés, et dont la caractéristique soulignée avec régularité par les observateurs est d'être des passionnés, quand ce ne sont des militants. Les lieux de CSTI ont en effet la chance d'employer souvent des personnes engagées, passion que décrivait récemment une étude d'un étudiant de Sciences Po, Vivian Dèpoues (http://www.agoravox.fr/actualites/technologies/article/la-nouvelle-mediation-scientifique-39117) et qu'il convient aux directions des structures d'entretenir précieusement, car elle s'étiole généralement lorsque sont donnés aux médiateurs des postes sans véritable implication, ou qui les étouffent dans des responsabilités étriquées prises à l'intérieur de hiérarchies pyramidales qui concentrent et épuisent les énergies plutôt que de les libérer.

80 Serge CHAUMIER et François MAIRESSE, 2013. *Op. cit.*, p. 136.

81 Ainsi qu'il se décrit, «le programme *Inmédiats* est porté par un partenariat de 6 centres de sciences régionaux: Cap Sciences (Bordeaux Aquitaine), l'Espace des Sciences (Rennes Bretagne), La Casemate (Grenoble Agglomération), Relais d'sciences (Caen Basse-Normandie), Science Animation (Toulouse Midi-Pyrénées) et Universcience (Paris Île-de-France). Il a pour objectif de renforcer l'égalité des chances dans l'accès aux sciences et techniques, notamment pour les 15-25 ans. Il propose pour cela de développer et d'expérimenter de nouveaux outils de médiation culturelle exploitant le potentiel des nouvelles technologies numériques». Le projet *Inmédiats* reste le plus gros lauréat de l'appel à projet «CSTI et égalité des chances» déjà cité, lancé en 2010 dans le cadre du Programme d'Investissement d'Avenir.

celui de l'économie créative et de la culture numérique, en croisant des élèves des écoles de la deuxième chance avec des jeunes designers et ingénieurs, en mobilisant les structures d'insertion sur des projets d'innovation ouverte, ils contribuent activement à redonner l'estime de soi à des jeunes en situation d'échec scolaire. Ils développent une ambiance, un environnement, un état d'esprit, des outils et des méthodes propices à la curiosité, à la créativité, à l'imagination, à l'engagement, bref, à l'envie d'entreprendre »[82].

Il existe une grandeur de la médiation. Le médiateur est un fabricant de liens. Le médiateur scientifique est un créateur de relations, utilisant les spécificités des champs scientifiques, techniques et industriels pour expérimenter ses figures et ses modèles en résonance avec la société. Voir le médiateur comme un vulgaire transmetteur de quelques savoirs qui seraient accessibles grâce à lui à un grand public majoritairement ignare relève – outre le mépris sous-jacent pour le visiteur ou le partenaire – d'une méconnaissance profonde des qualités humaines indispensables au fondement de toute médiation réussie, parce qu'elle s'appuie sur l'écoute de l'intelligence de l'interlocuteur, et porte moins sur les supposées connaissances à lui divulguer ou sur l'assistance à lui apporter que, d'abord et avant tout, sur la qualité d'un échange constructif et ludique avec lui. Au-delà d'être la « vitrine » des centres culturels car ils sont en première ligne face aux publics, les médiateurs sont des créatifs à part entière[83].

Il importe donc de sortir de la version académique de la médiation (scientifique) pour en rediscuter les orientations, et ne pas la limiter à son périmètre habituel. Dans une certaine mesure, la médiation scientifique possède cette originalité de ne pas être une discipline en soi, mais de se positionner à l'interstice, dans la

82 Allocution prononcée début 2014 par Laurent Chicoineau, directeur du CCSTI La Casemate à Grenoble, lors de la restitution de l'étude lancée par l'Assemblée Nationale et l'Office parlementaire d'évaluation des choix scientifiques et technologiques (OPECST) sur les cultures scientifiques (voir OLIVIER et LELEUX, 2014). Le modèle sous-jacent à ce discours est bien celui de la Silicon Valley, où l'économie créative, l'épanouissement de l'individu et la production de valeur reposent sur la capacité d'innovation, grâce principalement à l'avancée technologique.

83 D'où l'idée émise dans un travail partenarial non retenu par l'appel à projet du PIA « CSTI et Égalité des chances », piloté par La Rotonde et nommé LA MÈTIS (Laboratoires des arts mêlés aux techniques, à l'industrie et aux sciences), qui consistait notamment à mettre en place des résidences de médiateurs, à l'instar de ce qui est proposé aux artistes. Affirmant la pleine créativité du médiateur, la proposition visait à l'inscrire dans les parcours officiels de la formation professionnelle continue. Créer les conditions favorables pour qu'un médiateur d'un centre de culture ou d'une collectivité puisse dans la durée apporter ses compétences à une autre structure, et se nourrir de la manière de travailler de son lieu d'accueil, pourrait faire partie d'un droit de ces métiers à la formation encore non reconnu. Renouvelant son regard, ce type de résidences aurait le double avantage de maintenir l'intérêt du médiateur pour et dans son métier, tout en apportant ponctuellement un soutien à un lieu culturel dans le cadre de la création d'un projet d'envergure par exemple.

zone de contact entre les secteurs. Son hybridité parfois inconfortable la rend différente des espaces thématiques, la rapproche du *biotope*. L'erreur partagée des gens de la médiation des sciences est d'estimer qu'elle est un sujet, du fait de son institutionnalisation, et de mimer les travers des *milieux* de la culture jusque dans leurs batailles d'egos. En apparente contradiction avec ce que nous avions annoncé, la médiation scientifique n'est un sujet que de façon superficielle, même si elle a des particularismes dont nous avons discuté. La médiation scientifique est *un projet*, un projet de recherche, le projet d'une relation entre les sciences, les techniques, l'innovation et la société qui ne dégrade aucun des termes. C'est de cela qu'il est question dans ces pages. Faire l'histoire ou l'archéologie de la médiation scientifique n'a d'intérêt que pour donner quelques éléments de réflexion sur son sens, et n'a de sens que pour en alimenter le projet.

Éthique de la relation

«Le véritable principe d'individuation est médiation»

Gilbert Simondon. *L'individuation psychique et collective.*

Dans la crise spirituelle que traverse à la fin du XIe siècle Al Ghazali et qui le conduit au soufisme, le philosophe d'origine persane met en débat public le *conflit d'intérêts* entre les hommes de savoir et ceux de pouvoir, deux milieux qu'il a intensément côtoyés. D'un côté, témoigne-t-il, «les savants sont avides de postes de prestige, d'influence, de reconnaissance d'estime ou matérielle. De l'autre les gouvernants ont besoin des premiers pour conférer une légitimité à leur autorité, à leurs actes et à leur domination sur les masses, grâce à un discours, des connaissances et des techniques maîtrisés et organisés à leur avantage. D'où la naissance d'un mode de coexistence entre les deux, fondé sur l'intérêt mutuel»[84]. Cette accointance est donc loin d'être nouvelle. Nous en souffrons d'autres formes aujourd'hui, qui, entre autres, firent éclat lors de mensonges médiatiques ayant contribué à la désacralisation de la science à la fin du XXe siècle: nuage radioactif, sang contaminé, médication frauduleuse, etc. Ces scandales alimentent le scepticisme, voire la paranoïa au sein d'une société de plus en plus encline à la conspiration (vaccins, climats, Histoire…) ou à ce que d'aucuns qualifient d'obscurantisme (créationnisme, fanatisme…). Ce phénomène particulièrement fort chez les jeunes générations, est amplifié du fait de moyens de communication tels qu'ils alimentent les rumeurs de compromission de scientifiques avec le pouvoir politique et économico-industriel sur les grands sujets de controverses, à coups d'informations et de désinformations à caractère viral venues de part et d'autre et qui se répandent sur la toile. Ainsi, au débat qui se mène dans la société sur la nature des institutions démocratiques et la représentation des populations par des élites souvent déconnectées, s'ajoute un combat pernicieux visant la science.

Les premiers touchés par cette discréditation sont donc les experts scientifiques, cautions d'un avis rarement décrié il y un demi siècle encore, mais dont quelques uns ont été pris en flagrant délit d'arrangements indécents, avec la grande industrie notamment. La duplicité avérée de certains chercheurs a produit le même effet toxique et englobant que le cynisme répété de certains hommes politiques: une partie signifiante de la société doute de plus en plus de la valeur de leur parole. Elle appelle en filigrane une moralisation de la vie publique qui, si elle n'arrive pas, risque de compromettre la stabilité de la collectivité dans son ensemble pour laisser place aux pires atrocités validées par les urnes. Or, si nous ne devons plus

84 Mohamed NABIL NOFAL, «Al-Ghazali (1058-1111): sa vie, sa pensée philosophique et religieuse», in *Les cahiers de l'Islam*, revue en ligne (www.lescahiersdelislam.fr), 2014.

compter sur la science seule pour repenser la société, nous ne pouvons justement le faire sans elle. L'immunologiste Jean-Claude Ameisen, par ailleurs président du Comité consultatif national d'éthique (CCNE), soutient l'équilibre : les grands choix politiques contemporains sont aussi indéniablement scientifiques, mais ils sont tels qu'on ne saurait les laisser aux seuls experts dont l'avis est nécessaire mais non suffisant. En effet, en ne devant souvent rendre compte qu'à leurs pairs en science, les experts en sciences « dures » évacuent avec régularité de leur réflexion les questions humaines et les conséquences sociales, et donc les dimensions éthiques que les politiques évitent d'ailleurs de réintroduire dans leur choix programmatique au moment de la décision. L'établissement du CCNE permet de maintenir une vigilance sur ces points ; indépendant et transdisciplinaire, il se compose de membres venus de multiples horizons : médecins, philosophes, sociologues, juristes, membres de la société civile ou issus des grandes familles spirituelles et religieuses. Même s'il porte d'abord sur les questions biologiques quand le respect de la personne est en jeu[85], il tente une réflexion collective par-delà la partialité des participants, et devient ainsi un dispositif de discussion pertinent et rassurant qui pourrait être étendu à d'autres domaines aux enjeux controversés dont les dimensions scientifiques et techniques sont évidentes : nucléaire, OGM, réchauffement climatique, choix économiques, nanotechnologies, transition énergétique, ou toute question qui dépasse les frontières nationales, partisanes et religieuses, car elle touche l'éthique à une échelle générale qui concerne en retour une science elle-même globalisée.

L'éthique s'impose également aujourd'hui aux laboratoires de recherche scientifique par le biais de l'Université et de l'Entreprise, dont nous avons signalé qu'elles étaient sollicitées depuis peu pour porter à leur tour la flamme de la vulgarisation. Cela se traduit en termes de *responsabilité sociale, sociétale ou éthique* appliquée à l'entreprise (RSE), à l'ingénieur et aux Universités (RSU) qui offrent de plus en plus de formations à leurs étudiants sur les enjeux contextuels de la recherche[86]. Plusieurs approches sont concernées : l'éthique scientifique (contrat méthodologique du scientifique), l'éthique dans la recherche appliquée (réflexion sur les valeurs et finalités de la recherche), et l'intégrité scientifique (déontologie)[87]. Les déclarations de Singapour en 2010 sur l'intégrité de la recherche, et de Rome

85 A consulter à ce sujet le Rapport annuel 2012 du CCNE, « Éthique et recherche biomédicale » (La documentation française, Paris 2013), ainsi que le « Rapport du CCNE sur le débat public concernant la fin de vie », 2014. http://www.ccne-ethique.fr/sites/default/files/rapport_ccne_sur_le_debat_fin_de_vie_0.pdf

86 Un des précurseurs européens au sein des établissements d'enseignement supérieur reste l'exemplaire « Interface Sciences et Société » de l'Université de Lausanne, qui a inséré en son sein depuis plus de vingt ans une équipe entièrement dédiée à la médiation culturelle des sciences et au dialogue avec la société.

87 Les approches et les catégories (éthique de la recherche, de l'expérimentation animale, biomédicale ou bioéthique, économique et sociale, responsabilité sociale) sont proposées par Léo COUTELLEC, 2014. *Les paysages de l'éthique. Rapport sur la place et le rôle de l'éthique au sein de l'Université de Lyon*. Éditions UdL.

en 2014 sur la recherche et l'innovation responsables en Europe (RRI, *Responsible Research and Innovation in Europe*) rendent compte de l'intention politique en faveur d'un processus d'alignement de la recherche et de l'innovation sur les valeurs, les besoins et les attentes de la société, comprenant entre autres le respect de la dignité humaine, la liberté, la démocratie, les droits humains, le genre, et les considérations éthiques. Avec une certaine logique le secteur du dialogue sciences - société se retrouve inscrit dans ce vaste domaine de la RRI, dont un des signes annonciateurs fut l'insertion en 2012 d'un volet incitatif différenciant en faveur d'actions de culture scientifique dans les dossiers de type ANR ou européens que déposent les chercheurs pour pouvoir financer leurs projets de recherche.

Quelque chose comme une obligation astreint donc la science, car si cette dernière est présentée et se présente souvent comme *a*morale, elle n'est toutefois pas dénuée d'éthique. Inspirée par l'œuvre du philosophe Paul Ricœur, l'amorce du « Rapport sur la place et le rôle de l'éthique au sein de l'Université de Lyon » rédigé par Léo Coutellec en 2014, distingue l'éthique (et sa visée indéterminée) de la morale (normative), en ce que la première porte d'abord sur les questions, alors que la seconde apporte des réponses ou des conclusions parfois établies d'avance. En tant que « paysages en construction », l'éthique, contrairement à la morale, nous « pousse au questionnement et devient, en soi, un exercice profond de réflexivité. L'éthique ne se prononce pas sur le bien ou le mal, l'éthique n'oblige pas, l'éthique ne limite pas. L'éthique questionne, propose un pas de côté sur la façon de comprendre le monde, l'éthique interroge à la fois des contenus et les cadres dans lesquels ces contenus sont créés. L'éthique, plus que la morale, est donc un outil de la pensée pour faire face à l'imprévisible, pour comprendre le complexe sans oublier l'humain. Elle a pour principale mission de faire émerger les valeurs et de questionner les fins ; exercice d'une grande importance à propos des rapports entre sciences, techniques et innovations »[88]. Dans les limites de cet ouvrage, cette définition de l'éthique nous contentera pleinement. Mieux encore, nous la reprenons à notre propre compte tant nous aurions pu l'écrire avec les mêmes termes, en remplaçant sans autre modification le mot éthique en tant que visée par le mot *médiation [scientifique]* en tant que projet. Relisons. *La médiation scientifique pousse au questionnement et devient, en soi, un exercice profond de réflexivité. La médiation scientifique ne se prononce pas sur le bien ou le mal, la médiation scientifique n'oblige pas, la médiation scientifique ne limite pas. La médiation scientifique questionne, propose un pas de côté sur la façon de comprendre le monde, elle interroge à la fois des contenus et les cadres dans lesquels ces contenus sont créés. La médiation scientifique, plus que la* vulgarisation, *est donc un outil de la pensée* et une pratique *pour faire face à l'imprévisible, pour comprendre le complexe sans oublier l'humain. Elle a pour principale mission de faire émerger les valeurs et de questionner les fins* à travers des expérimentations, des actions et des outils concrets *; exercice d'une grande importance à propos des rapports entre sciences, techniques, innovations et* société.

88 Léo COUTELLEC, 2014. *Rapport cité*, p. 5.

Si l'éthique se trouve aujourd'hui ravivée dans le champ de la médiation scientifique parce qu'elle agite celui de la science, non seulement nous voyons – en rapprochant encore un peu ce qui a été avancé dans le chapitre précédent – comment la médiation se doit d'être éthique, mais surtout combien les deux notions sont intimement intriquées. Au point qu'émerge cette idée : c'est par sa médiation que la science peut devenir éthique, par son acceptation d'entrer en relation avec la société, ceci pour en partager le projet, non pour se faire accepter d'elle sans effort ni discussion. La médiation scientifique, si même elle n'est pas la seule, est aussi garante de la dimension éthique de la science. Et dans la poursuite de ce qui fut écrit, l'éthique, associée à la médiation scientifique, devient bien pour nous une éthique de la relation appliquée à la science.

Mais que souhaitons-nous faire entendre lorsque nous parlons de *relation* ? La personnalité, le parcours, la situation historique et géographique de son île de la Martinique et la composition syncrétique de sa langue créole ont fait du poète Édouard Glissant un des plus remarquables penseurs de cette notion. À travers son œuvre protéiforme se dessine trois façons principales pour l'homme d'être en relation, d'entrer en contact avec l'autre ou avec son environnement qui, à ce stade, révèlent trois postures d'*être-au-monde*. Elles ne sont pas forcément antinomiques et pourraient se voir judicieusement assemblées.

La première modalité de la relation est, pourrions-nous dire, topographique (du grec τοπογραφία, mesures et représentations du relief d'un terrain). Elle fonde la pensée du territoire ou pensée de soi. Elle consiste non seulement à délimiter ses frontières et à décrire les *paysages*, mais surtout à les cartographier c'est-à-dire à y inscrire des représentations[89], à s'inventer une histoire, donc un récit des origines, une généalogie ou une genèse qui légitime la possession d'un territoire qu'ainsi nous fabriquons, parce que nous y serions depuis sa création. Toutes les populations ont procédé à cette fonctionnalisation pour comprendre et ancrer leur présence au monde dans une relation avec leur territoire. Et chaque groupe, communauté ou individu, à son échelle et selon son activité, reçoit en héritage ou produit une narration qui lui permet de définir son lien avec l'environnement plus ou moins ouvert dans lequel il évolue, et tenter de créer un rapport épanoui avec lui.

Le second mode de relation est anthropologique et géodésique (de γεωδαισία qui signifie « diviser la terre », science du tracé en plus de la mesure, qui suppose donc une exploration). Il donne naissance à la pensée de l'autre et du voyage, pensée paradoxalement assez mécanique parce qu'elle tend facilement au

89 Toute l'histoire de la cartographie est celle de l'invention de nos représentations du monde, ainsi que l'illustre le court texte Jean-Christophe BAILLY, 2014. « Le grand mesurement du monde », in *Le monde sur une feuille. Les tableaux comparatifs de montagnes et de fleuves dans les atlas du XIXe siècle.* Éditions Fage, Lyon.

systématique, à l'utilitarisme plus qu'à l'altruisme. Tournée vers l'extériorité, elle est ce besoin farouche de rencontrer tout ce qui n'est pas soi, d'explorer dans le but de comprendre, de connaître certes, mais aussi de soumettre. Inassouvie avec l'intime, elle a accompagné les grandes découvertes géographiques, scientifiques et techniques. Vues d'ailleurs, les pensées occidentales sont les seules à développer de manière si méthodique cette tendance à être passionnément curieux de l'étrangeté du monde : ce qui suppose à la fois de concevoir le monde comme étranger à soi, et de vouloir coûte que coûte le domestiquer. La survalorisation de la curiosité ne se limite donc pas à la maîtrise de son territoire, elle active la détermination forcenée de savoir ce qui existe au-delà. Cette appétence peut se changer en appétit avide car elle présente en effet un risque d'indiscrétion et d'indélicatesse, et peut engendrer une forme de prédation vers la conquête et la possession d'autres territoires. L'exploration devient exploitation. Cette façon d'être en relation est en cela foncièrement coloniale. L'excitabilité curieuse, dont le tourisme est la version moderne dégradée, est à double tranchant selon l'usage qui en est fait : elle est la cause de merveilleuses découvertes, mais également de nombreuses destructions. Cette modalité de la relation est généralement celle dont la médiation scientifique se fait le relais et l'éloge, et qu'elle tente de transmettre quand elle prône l'éveil de la curiosité des enfants en particulier, sans toujours penser qu'elle exporte souvent plus que cette simple valeur si elle ne prend pas de précautions : l'esprit de domination plus que de défi, un rapport au monde et à l'autre conçus comme étrangers, l'idéologie comprise dans une certaine forme de connaissance.

Le troisième type de relation est *poïétique* (ποιητικός, « propre à fabriquer, à confectionner », concerne l'approfondissement des potentialités inscrites dans une situation donnée, qui débouche sur une création nouvelle), et met en mouvement ce qu'Édouard Glissant nomme la pensée de l'errance et de la totalité, pensée relationnelle par excellence. L'errance n'a pas chez l'écrivain antillais les connotations négatives que nous pourrions lui prêter en fonction de l'imaginaire généralement associé à ce mot. Elle n'est pas ce qui fait que nous divaguons, nous nous perdons ou nous nous éparpillons, même si elle procède sans suivre d'itinéraire balisé, ouverte à l'imprévu. L'errance est un déplacement attentif, une dérive sans but prédéterminé autre que la disponibilité : parce que dénuée d'objectifs *a priori* et de contraintes moralisatrices, elle devient capable par son affranchissement de faire naître une proposition fédératrice inédite à partir des potentiels de ce et de ceux qu'elle rencontre et assemble. L'errance par petites touches, dans une sorte de *work in progress*, peint, installe ou articule toujours déjà un ensemble, dès lors non totalitaire. Ainsi errer débarrasse le voyage de tout idée de conquête, et ouvre l'horizon de la connaissance, qui elle-même devient errante bien plus qu'universelle, c'est-à-dire une fois encore *relationnelle*. Le motif de l'errance représente chez Glissant une qualité de présence au monde, une présence poétique aux choses, qui fonde sa pensée condensée dans un essai, *Philosophie de la Relation*, dont le sous-titre important est *poésie en étendue*. Glissant y écrit : « *La pensée de l'errance* n'est pas l'éperdue pensée de la dispersion mais celle de nos ralliements non prétendus d'avance, par quoi nous migrons des absolus de l'Être aux variations de la Relation, où se révèle l'*être-comme-étant*, l'indistinction de l'essence et de la substance, de la demeure et du mouvement. L'errance n'est pas l'exploration, coloniale ou non, ni l'abandon à des errements. Elle sait être immobile, et emporter »[90]. Si l'association des mots est délibérément poétique, ces derniers ont sans conteste une épaisseur philosophique.

Par le chemin de la poésie, Édouard Glissant rejoint le terrain de la philosophie *via* l'idée d'une *connaissance relationnelle* déjà rencontrée chez le scientifique Michel Bitbol, et qu'il introduit par une proposition fondamentale portant sur la conception de l'être même, l'un des grands philosophèmes de la pensée classique européenne. Non seulement *l'être peut être en relation* selon le poète, mais il affirme encore qu'au fond, être, c'est être en r*elation*, une relation qui toutefois n'est plus affectée des attributs orthodoxes (aristotéliciens) de l'être : la permanence, l'absolu, les principes d'identité et de tiers exclu. *L'être est relation, mais la relation est sauve de l'idée de l'être* : par cette pensée, Glissant se fait le creuset où se mêle pour le moins une double filiation qu'il assume par ailleurs, africaine[91] et européenne. Pour cette dernière, Édouard Glissant rencontre de manière non conventionnelle un de ses contemporains, le philosophe Gilbert Simondon, pour qui, lisons-nous, il est également possible de « considérer toute véritable relation comme ayant rang d'être »[92].

Pourquoi convoquer ici et maintenant Gilbert Simondon, au-delà de notre « manie » de l'assemblage ? D'abord parce que la référence à ce philosophe hexagonal, loué pour son attention particulière aux sciences et aux techniques, sera probablement plus acceptable à certains yeux scientifiques, au premier abord, que celles auxquelles nous avons eu recours et qui pourraient sembler relever d'un certain exotisme, ce qu'elles ne sont pas. Plus acceptable également que l'idée de la nécessité provocante d'une *décolonisation des concepts*[93] sur lesquels s'est construite la médiation scientifique et technique, et que nous revendiquons. Ensuite et surtout, parce que Gilbert

---

90 Édouard GLISSANT, 2009. *Philosophie de la Relation, poésie en étendue.* Éditions Gallimard, Paris.

91 « Dans les traditions africaines antiques, le point de départ de l'interrogation philosophique, ce n'est pas la question de l'être, mais celle de *la relation ; des nœuds* ; *des potentiels de situation* ; des processus de traversée, de transformation continue ». Achille Mbembe, 2015. « L'Afrique planétaire », revue *De(s)générations* n°22, mai. « Penser avec l'Afrique ». Jean-Pierre Huguet Éditeur, Saint-Julien Molin-Molette.

92 Gilbert SIMONDON, 1989. *L'individuation psychique et collective.* Éditions Aubier, Paris 2007, p. 24.

93 L'expression *Conceptual Decolonization* est utilisée par le philosophe Kwasi WIREDU dans son ouvrage paru en 1996, *Cultural Universals and Particulars : An African Perspective*, Indiana University Press. L'œuvre éclairante et marquante de Wiredu, qui n'est malheureusement pas traduite en France, réinterroge les notions philosophiques à partir des langues africaines. Sa réflexion exigeante (*philosophical sagacity*), préoccupée entre autres par l'inter-culturalité ou la morale politique, propose d'importantes considérations sur la décolonisation conceptuelle et linguistique.

Simondon nous aide à penser autrement la relation, donc la médiation, lui qui fut extraordinairement sensible à l'articulation des problèmes techniques et humains posés par l'essor du machinisme dans les secteurs industriel et agricole, mais aussi aux discordes entre les valeurs de la culture et les représentations liées aux techniques. Sa force réside en ceci que sa pensée ne réprouve pas la technique, comme celles de Günther Anders ou de Jacques Ellul, mais réhabilite et restaure la relation entre l'homme et la machine, en intimant à l'homme le devoir d'élever ses émotions à la hauteur de ses créations. Pointant une culture dont l'attitude envers l'objet technique s'apparente à celle d'un individu pris de «xénophobie primitive» devant un étranger, il propose par la médiation technique «une éthique de la relation entre l'homme et la machine qui ne dégrade aucun des deux termes»[94]. Simondon a fait très tôt un rapprochement étonnant entre le statut de l'esclave et celui de l'objet technique, une machine qui, parce qu'elle est aliénée, enferme un potentiel d'aliénation qui peut en retour frapper l'homme: «la prise en conscience des modes d'existence des objets techniques doit être effectuée par la pensée philosophique, qui se trouve avoir à remplir dans cette œuvre un devoir analogue à celui qu'elle a joué pour l'abolition de l'esclavage et l'affirmation de la valeur de la personne humaine», annonce de manière programmatique l'auteur dès l'introduction de sa thèse de doctorat, *Du mode d'existence des objets techniques*[95], œuvre célèbre dont l'intention générale est assez connue par le milieu des sciences ou de la CSTI, bien qu'elle soit souvent plus appréciée à travers ses commentateurs[96], étant en réalité peu lue eu égard à son extrême exigence philosophique. Nous ne développerons toutefois pas dans ces pages ce volet passionnant de l'œuvre de Simondon, la réintroduction de l'objet technique dans la culture par-delà son aliénation ustensile et au nom des valeurs d'humanité qu'il contient, car il n'impacte pas directement notre approche de la médiation scientifique. Nous nous pencherons sur une autre facette de la pensée du philosophe, qui lui est préalable et indissociable: la réflexion qu'il a menée tout au long de sa vie sur le concept d'*individuation.*

Gilbert Simondon a bénéficié d'une formation très diversifiée, et marquée fortement par la psychologie. Ceci a toute son importance. Sa curiosité intellectuelle, alliée à une grande capacité de travail, s'exerçait dans de nombreux domaines. À partir d'une culture philosophique classique consistante, ancrée dans une fréquentation assidue de la pensée antique, elle s'étendait aux sciences bien sûr, aux littératures, à l'histoire. Elle passait également par l'observation fine du quotidien. Simondon s'intéressait ainsi aux façons de penser, aux représentations culturelles et aux jugements de valeur,

94 Gilles CHÂTELET, 1994. Brochure de présentation des Actes du Colloque «Gilbert Simondon. Une pensée de l'individuation et de la technique». Bibliothèque du Collège international de philosophie, Éditions Albin Michel, Paris.

95 Gilbert SIMONDON, 1958. *Du mode d'existence des objets techniques.* Éditions Aubier, Paris 2007, p. 9.

96 En particulier Bernard STIEGLER, dont les ouvrages ou encore le site www.arsindustrialis.org consacrent de nombreuses pages à un dialogue avec Simondon et à un commentaire de son œuvre.

aux formes de spiritualité, aux manières de vivre et d'agir qui transparaissent dans le travail des artisans, des ouvriers, des paysans, dans les techniques des différents métiers qu'il a côtoyés tout au long de sa scolarité dans la ville alors industrielle de Saint-Étienne, et de sa proximité avec le monde rural en Haute-Loire où il passait ses vacances. Après de brillantes études supérieures à Lyon puis à Paris où il a intégré la rue d'Ulm en 1945, Simondon a obtenu en parallèle de son diplôme d'études supérieures de philosophie (sur l'unité et le temps chez les Présocratiques) la toute nouvelle licence de Psychologie, et suivi des enseignements de psychophysiologie, psychologie de l'enfant, psychologie sociale. Il a également intégré pour une année l'École de médecine à Tours. Parmi ses premières fonctions à la faculté des Lettres et des Sciences humaines de Poitiers, où il a enseigné de 1955 à 1963, il a dirigé les certificats de psychologie sociale, psychologie générale, psychologie comparée, et monté le laboratoire de psychologie expérimentale.

Ce rappel permet de souligner la préoccupation première de Simondon. Elle ne se situe pas immédiatement dans les sciences ou les techniques, quand bien même elle se nourrit d'elles, mais concerne l'Homme dans son ensemble, le fonctionnement de l'individu psychique vivant au sein de la société. En ce sens, le projet *transversal* de Gilbert Simondon est d'abord philosophique et anthropologique. Sa pensée complexe, profonde, ambitieuse, constitue une ouverture majeure dans l'histoire des idées : Simondon projette de refonder certaines valeurs cardinales de la philosophie occidentale, rien de moins, sans passer par l'exotisme donc mais à partir de l'Occident, et plus singulièrement de ce qui le définit en partie à ses propres yeux : son rapport aux sciences et aux techniques. Simondon choisit une voie où la philosophie pourrait s'éclairer de la science, non de ses résultats mais – une fois n'est pas coutume – de sa méthode. Il propose une réforme d'un ensemble de schèmes fondateurs, en empruntant aux bouleversements pratiques, notionnels et linguistiques introduits par la science. Ainsi valorise-t-il dans la philosophie la notion de « champ », inspirée des phénomènes électromagnétiques et dont la définition du mode d'interaction caractéristique constitue une véritable découverte conceptuelle selon Simondon ; de même l'idée d' « énergie », rénovée par la thermodynamique, qui non seulement ouvre l'esprit à des perspectives originales, mais plus foncièrement permet de *penser* autrement. Gilbert Simondon propose ainsi qu'aux « notions de substance, de forme, de matière, se substituent les notions plus fondamentales d'information première, de résonance interne, de métastabilité, de potentiel énergétique, d'ordre de grandeur »[97]. En déroulant et amplifiant de la sorte son opération, Simondon médite à partir d'un terrain radicalement autre de celui balisé depuis Aristote, et qui structurait la plupart des discussions philosophiques traditionnelles.

97 Gilbert SIMONDON, 1989. *Op. cit*, p. 23. La réflexion de Simondon sur l'individuation date de bien avant la publication de cet ultime ouvrage, en particulier avec *L'individuation à la lumière des notions de forme et d'information*, édité par les Presses universitaires de France en 1964.

Deux exemples en particulier sont emblématiques de cette refonte intégrale : le déplacement opératif du concept de *forme* vers celui d'*information* (comme *tension de la forme,* non comme communication) et celui de *matière* vers celui de *milieu*. Forme et matière, deux piliers axiomatiques de la pensée philosophique dominante qui, par leur révision et leur écartement, autorise un décentrement propice à bâtir un nouvel édifice, « et permet d'animer et de structurer des domaines de plus en plus variés et hétérogènes[98] ». Simondon introduit ces variations majeures en observant qu'avant de se constituer comme individu, et nous nous rapprochons ici de la question de l'être, tout objet se trouve d'abord et avant tout dans un processus d'individuation[99]. Comment se fabrique l'individu, et se distingue-t-il des autres, du groupe, ou de la société dans laquelle il vit et évolue ? La théorie réflexive de Simondon sur les critères de l'individualité, suivant l'intuition des Physiologues Ioniens et de Thalès en particulier, le mène à remonter jusqu'à un *mixte* premier précédant toute forme : ce n'est pas l'unité individuelle qui est source et qu'il nous faudrait d'abord saisir comme dans la philosophie classique, c'est l'effort ou la tension pour le devenir, par la résolution de forces contradictoires ou chaotiques, opération que le penseur qualifie d'individuation : « il faut opérer un retournement dans la recherche du principe d'individuation, en considérant comme primordiale l'opération d'individuation à partir de laquelle l'individu vient à exister et reflète le déroulement, le régime, et enfin les modalités, dans ses caractères »[100]. Ce n'est donc pas l'être, un être institué, qui serait originel comme substance ou forme, mais un être toujours en devenir, un devenir conçu comme système en tension persistante, sursaturé, *informé*. Cela est d'autant plus principiel lorsqu'il s'agit du vivant, et de la formation à la fois biologique, psychologique et sociale de l'individu psychique qu'est l'Homme. Dans un certain sens même, si nous figeons parfois le vivant pour pouvoir mieux l'analyser, l'organiser ou le comprendre, comme dans les sciences classiques par exemple, en réalité il ne cesse jamais d'être engagé dans ce processus d'individuation, à se construire avec constance, à tendre indéfiniment vers une forme : « *le vivant conserve en lui une activité d'individuation permanente* ; il n'est pas seulement résultat d'individuation, comme le cristal ou la molécule, mais théâtre d'individuation[101] ». Le concept d'individuation tel que le conçoit Gilbert Simondon suppose donc un changement de perspective complet dont les implications théoriques sont nombreuses et bouleversantes, et qu'il développe tout au long de son œuvre, de sa thèse d'Etat (*L'individuation à la lumière des notions de formes et d'information*, 1964) à son dernier ouvrage sorti l'année

98 Gilbert SIMONDON, 1989. *Op. cit.*, p. 53.

99 « Une étude de l'individuation peut tendre vers une réforme des notions philosophiques fondamentales, car il est possible de considérer l'individuation comme ce qui, de l'être, doit être connu en premier ». Gilbert SIMONDON, 1989. *Op. cit.*, p. 29.

100 Gilbert SIMONDON, 1989. *Op. cit.*, p. 12.

101 Gilbert SIMONDON, 1989. *Ibid.*, p. 16.

de sa disparition (*L'individuation psychique et collective*, 1989). Deux d'entre elles nous concernent plus particulièrement, dans le cadre de notre projet.

En revisitant l'histoire du principe d'individuation à la lumière des sciences modernes, de la psychologie d'inspiration jungienne[102], mais aussi de la systémique fondée par son contemporain Ludwig von Bertallanfy[103], Simondon montre que le développement de l'individu, rendu possible grâce à la contradiction des forces ou tension des formes, se déroule dans un milieu qui lui est non seulement associé, mais aussi indispensable car impliqué dans son développement. Ce que révèle entre autre l'individuation, ce n'est pas seulement l'individu, mais le fait qu'un individu n'existe jamais seul, isolé. L'opération d'individuation fait apparaître toujours ensemble le couple *individu-milieu*, qui est la synthèse que constitue ce mixte premier. Le lien indissociable entre un individu et son milieu, que nous avons déjà vu autrement évoqué dans la physique quantique ou la poésie d'Édouard Glissant, a une conséquence commune: être, c'est être en relation. L'idée portée par Simondon, c'est qu'il n'y a pas d'être stabilisé, il n'y a que de la relation métastable, en devenir, d'autant plus si l'individu en question appartient au vivant[104].

Une autre implication forte de l'activité d'individuation se situe dans son rôle, qui consiste en somme à résoudre des conflits, tensions que vit le pré-individuel dans son effort continu pour devenir individu au sein d'un milieu. Tout individu se construit par les crises successives qu'il rencontre et que l'opération d'individuation lui permet de traverser. Il ne cesse de chercher des terrains d'entente en lui-même avec son milieu, *pour survivre et maintenir son équilibre homéostatique*, en agissant autant sur ce dernier que sur lui-même, en s'ajustant sans arrêt de manière dynamique. «L'être ne possède pas une unité d'identité, qui est celle de l'état stable dans lequel aucune transformation n'est possible; l'être possède une *unité transductive*, c'est-à-dire qu'il peut se déphaser par rapport à lui-même, se déborder lui-même de part et d'autre de *son centre*»[105]. L'individuation prime dans le vivant, le maintient vivant en lui permettant de résoudre ses tensions. Et cette résolution du caractère conflictuel, pour l'individu, se découvre dans le milieu avec lequel il est en relation. Cette proposition de Simondon inspirée des avancées scientifiques de son temps est remarquable. Pour l'humain, cela signifie que «le psychisme ne peut se résoudre au niveau de l'être individué seul; il est le fondement de la participation à une

102 Chez le psychanalyste Carl Jung, la conception du principe d'individuation, dont l'expression est empruntée à Schopenhauer, vise un processus de transformation intérieure, de réalisation de soi par la prise en compte et l'intégration des éléments conflictuels qui nous composent. Carl G. JUNG, 1933. *Dialectique du Moi et de l'inconscient*. Éditions Gallimard Folio Essais, Paris 2001.

103 Ludwig von BERTALANFFY, 1967. *Des robots, des esprits et des hommes. La psychologie dans le monde moderne*. Éditions ESF, Paris 1982.

104 «Dans son existence, l'individu éprouvant est un être relié». Gilbert SIMONDON, 1989. *Op. cit.*, p. 102.

105 Gilbert SIMONDON, 1989. *Op. cit.*, p. 23.

individuation plus vaste, celle du collectif »[106]. Pour qu'un individu se fabrique, il a besoin de son environnement ; pour qu'un être humain se construise, il doit passer par le collectif. L'individuation psychique de l'individu éprouvant lui ouvre le passage vers le collectif, et ainsi lui permet de fonctionner, d'accorder ses tensions qui sinon ne trouvent pas à s'exprimer, et alors s'exacerbent, débordent, explosent : il faut que l'individu puisse s'exprimer dans le collectif auquel il est relié, et cette expression n'est pas anodine : « l'expression de l'affectivité dans le collectif a une valeur régulatrice »[107]. C'est par la participation de l'individu au collectif sur le mode des émotions et de l'affectif que celui-ci peut réussir correctement son individuation. L'individuation, ce processus en mouvement, relie le pré-individuel et le milieu, et pour atteindre le collectif, l'individu en devenir requiert une médiation. La médiation est un fonctionnement fondamental de l'individu, du vivant ; elle est en ce sens profondément humaine, indispensable à la construction d'une humanité en l'Homme.

L'Homme a besoin d'une médiation pour se réaliser pleinement, il passe par le processus d'individuation, élevé au rang de principe ontologique, pour devenir individu. La médiation peut prendre différents visages, philosophique, poétique, symbolique (religieuse entre autres) ou encore technique. C'est l'apport de Simondon que de révéler l'objet technique comme médiation possible dans le monde moderne. Cette idée, nous la trouvons également chez Jacques Ellul, mais de manière négative. Pour ce dernier, le problème vient qu'il n'y a plus qu'une médiation technique, devenue toute puissante, ayant condamné les autres au silence, appauvrissant notre rapport au monde car elle ne peut convenir à tout un chacun. Chez Simondon, l'objet technique se conçoit déjà « comme l'assemblage de dispositifs élémentaires plurifonctionnels »[108], comme un mixte d'humain et de naturel, de social et de matériel, de symbolique et de technologique. En mettant en valeur les dimensions humaines qui composent l'objet technique, ce dernier devient un médiateur possible de l'homme à son environnement, un vecteur de son intégration. L'environnement, le milieu dans lequel l'individu se déploie et qui de la sorte est lui-même un médium, ce sont non seulement les éléments naturels, mais également les acteurs et les entités qui le composent, comme les formes d'organisation socio-économiques ou politiques. De tout cela, il convient de tenir compte. L'articulation de l'ensemble est le rôle spécifique de la médiation. C'est dans l'interrelation entre ces objets, dans leur montage, que la médiation est pleinement active.

106 Gilbert SIMONDON, 1989. *Ibid.*, p. 22.

107 Gilbert SIMONDON, 1989. *Ibid.*, p. 106.

108 Madeleine AKRICH, 1993. « Technique et médiation ». In *Réseaux. Communication - Technologie - Société*, volume 11 n°60, 1993/4, *Les médiations*. Éditions de la Découverte, Paris.

Que nous ont appris du point de vue de la médiation scientifique ces détours par les pensées non polémiques, et pourtant tranquillement subversives de Glissant et de Simondon, et cette plongée abrupte dans la philosophie qui mériterait de plus amples développements, que nous avons voulu cependant courte mais nécessaire pour ne pas noyer le lecteur trop hors du sujet de notre ouvrage[109] ? Édouard Glissant amène la philosophie à devenir errante, ce qu'elle est selon lui fondamentalement. Nous l'évoquons quant à nous pour proposer à la médiation d'entrer à son tour et sans crainte en errance, une médiation [scientifique] dont les pôles et les points d'échange se déplaceraient sans cesse, destinée à traverser indifféremment les différents modes de la relation : animatrice de son territoire se comprenant elle-même, capable dès lors d'être créatrice de liens entre les acteurs qui l'habitent ; stimulatrice de la curiosité, scientifique par excellence, occidentale si on le souhaite, et de la découverte d'autres champs disciplinaires parmi lesquels elle voyage, de lieu en lieu ; riche de l'errance, ajoutant cette dimension à la curiosité sans la rejeter mais en en refusant l'exclusivité, afin d'expérimenter de nouvelles voies au service de la société, de se laisser surprendre, d'accueillir l'inattendu quand il se présente, de le provoquer parfois. La médiation scientifique est à l'âge de parcourir ces trois chemins de la relation, vers la maturité, dans une promenade au cœur d'un monde qui est entré dans une période de complexité et d'entrelacement tels qu'il n'est plus possible de le prévoir ; et savoir s'adapter à son terrain mouvant, incertain, à cet environnement contemporain où doivent se développer non seulement une connaissance, mais aussi une *intuition du monde* ; et donc d'affirmer ceci que science

109 Une autre dimension rarement évoquée de la pensée de Simondon nous paraît captivante. Nous la laissons en note pour fluidifier la lecture, non pour en minimiser la résonance avec notre projet. En posant le principe d'individuation, et en accordant une attention à des objets généralement négligés, Simondon retrouve la question de la spiritualité et de la force des symboles dans nos vies. Son approche fondamentalement pluridisciplinaire est ici à l'œuvre, quand il assigne une valeur à des entités qui pourtant n'ont plus vraiment d'enjeu dans nos existences contemporaines, ainsi des morts, nos morts : « comme absence par rapport au milieu, l'individu continue à exister et même à être actif. L'individu en mourant devient un anti-individu, il change de signe, mais se perpétue dans l'être sous forme d'absence encore individuelle ; le monde est fait des individus actuellement vivants, qui sont réels, et aussi des « trous d'individualités », véritables individus négatifs composés d'un noyau d'affectivité et d'émotivité, et qui existent comme symboles » (SIMONDON, 1989. *Op. cit.*, p.102). Ce que retrouve ainsi Simondon à travers ses analyses des fondamentaux de la civilisation européenne ressemble étonnamment à la perception du monde développée par nombreuses cultures, et de leur manière de traiter les individus jetés dans l'immensité du monde. Le monde moderne, immergé dans les sciences et les objets techniques, n'en est pas moins angoissant ; il se contente au mieux de masquer l'angoisse sous le déluge technologique, voire en génère de nouvelles. La réponse à l'angoisse proposée par Simondon en philosophe existentiel des sciences et des techniques, c'est la spiritualité, qui « est la signification de l'être comme séparé et rattaché, comme seul et comme membre du collectif… La spiritualité est la signification de la relation de l'être individué au collectif, et donc par conséquent aussi du fondement de cette relation » (SIMONDON, 1989. *Op. cit.*, p. 105).

sans préscience n'est que ruine de l'homme[110]: tels pourraient devenir les canons d'une nouvelle médiation scientifique.

Avec Gilbert Simondon, l'éthique de la relation appliquée à la science et aux techniques ne se limite pas à la revalorisation du lien entre l'Homme et la machine, mais touche aux fondements de l'être, à l'Homme lui-même. C'est une éthique, car lorsqu'une médiation fabrique un terrain d'entente non partisan entre deux termes, elle ne peut rester moralement neutre: elle n'y parvient qu'au prix d'un solide engagement éthique, selon la définition que nous avons empruntée plus haut. Elle concerne la relation, car si l'individu ne peut se construire qu'en lien avec le milieu qui l'entoure, ne peut devenir un individu que par son passage par le collectif, ce passage ne peut se faire sans une médiation. La médiation est la dynamique de proximité qui permet l'intégration de l'individu dans le collectif, par le biais de l'histoire de l'Art et de ses œuvres, par le biais des techniques et des sciences, par le biais du sport, par le biais des mémoires collectives... La médiation est une condition de la fabrication de l'humain en l'Homme, de son être en devenir. Plus l'individu se tient ou est tenu à l'écart de la société, plus la médiation devient importante pour en réveiller le potentiel; ceci non pour en faire un individualiste, mais une personnalité à part entière[111]. L'objectif de la médiation est de trouver la bonne forme d'intégration de l'individu dans le collectif (dans son environnement proche et en lien avec ses prochains), par le médium qu'est le collectif en tant que milieu indispensable dans lequel l'individu peut se révéler et se déployer. «La bonne forme n'est plus alors la forme simple, la forme géométrique prégnante, mais la *forme significative*, c'est-à-dire celle qui établit un ordre transductif à l'intérieur d'un système de réalité comportant des potentiels»[112]. Cette forme riche en potentiels ne résout pas tous les conflits, mais peut proposer des expérimentations qui permettent d'articuler les parties en présence de manière inédite, et d'élaborer de nouveaux territoires relationnels pouvant se révéler exemplaires. La médiation engage l'individu à se construire avec son environnement, à en décrypter les codes, à savoir y naviguer avec plus d'aisance; la médiation scientifique vise à encourager l'individu à habiter pleinement une société où les sciences et les techniques ont une place déterminante. *Le véritable principe d'individuation est médiation.*

110 Le terme préscience étant pris dans le sens d'intuition. *«Pour moi, l'homme n'est complet que s'il réunit ces trois conditions, science, prescience, conscience»*, disait Victor HUGO, 1876. *Actes et paroles*, tome 3, *Depuis l'exil.*

111 Carl JUNG (1933. *Op. cit.*) souligne que l'individuation ne consiste en aucun cas à soutenir l'ego seul, auquel cas l'on deviendrait un individualiste. Et qu'est-ce qu'un individualiste, s'interroge-t-il, sinon un Homme qui n'a pas réussi son individuation?

112 Gilbert SIMONDON, 1989. *Op. cit.*, p. 29.

« Dans l'angoisse, le sujet voudrait se résoudre lui-même sans passer par le collectif ; il voudrait arriver au niveau de son unité par une résolution de son être pré-individuel en être individuel, résolution directe, sans médiation, sans attente »

Gilbert Simondon. *L'individuation psychique et collective.*

La médiation scientifique à l'heure de sa mutabilité numérique

La version courante d'une réflexion sur le lien entre médiation culturelle des sciences et numérique (techniques informatiques et sciences du numérique) est de constater et d'accepter qu'une « culture numérique » façonne aujourd'hui le monde dans lequel une partie notoire de l'humanité évolue. La conclusion habituelle est d'inciter toute personne vivant sous ce régime à acquérir, « au-delà des usages, la culture scientifique suffisante pour en comprendre les fondements et pouvoir ainsi contribuer à cette mutation de la société ». Ainsi est assignée de nos jours à la médiation scientifique la tâche de favoriser l'appropriation « de cette nouvelle dimension de l'existence, nourrir la curiosité vis-à-vis des applications innovantes, encourager la participation ou l'implication dans la création du monde numérique, aider à former des citoyens éclairés et contribuer à lutter contre la fracture numérique. Faire de la médiation scientifique entre ainsi dans le champ de notre mission de service public » annonce Gilles Kahn, informaticien élu à l'Académie des Sciences et ancien PDG de l'établissement de recherche à caractère scientifique et technique Inria, dont la devise (ou la *baseline* en langage marketing) est « Inventeurs du monde numérique »[113].

Avant de questionner cette idée *déjà* reçue que la transition numérique a permis l'émergence d'une nouvelle *culture*, nous ne pouvons à ce stade nous contenter de circonscrire la médiation scientifique actuelle aux fonctions décrites ci-dessus, particulièrement en matière de numérique. Car la question du numérique pose un ensemble de problématiques de fond à la médiation telle que nous avons tenté de la présenter jusqu'ici. En effet, si le rapport opérationnel de la médiation scientifique aux outils informatiques ne semble pas lever de difficultés majeures (l'usage pratique et la valorisation du numérique dans les actions de culture scientifique), le numérique nous apparaît comme une remise en cause sérieuse de la nature même de la médiation, notamment dans sa fonction sociétale. Ce qu'il nous faut maintenant montrer.

113 www.inria.fr/recherches/mediation-scientifique/actions-de-mediation-scientifique/presentation.

Et le montrer en admettant d'abord ceci: les technologies digitales ont indéniablement transformé nos métiers; elles ont mis à disposition des outils techniques innovants dont l'utilisation modernise le travail du partage des savoirs et stimule de nouvelles connections et relations. Plusieurs types de projets de culture scientifique ont été rendus possibles par le seul développement des sciences et technologies de l'information et de la communication (STIC), nées de l'industrialisation de l'ordinateur et des processeurs ces quarante dernières années, donc par l'exploitation, par les techniques et les services, du calcul numérique et de ses potentialités plutôt que du signal analogique. De nombreuses actions de médiation entre les sciences et la société, les seules qui nous intéresseront ici, s'appuient en effet sur les capacités globalisatrices, connectives et archivistiques de la technologie numérique. Elles n'auraient pu s'imaginer à cette échelle et selon leurs modalités sans l'essor en particulier d'internet. Internet est en soi un outil pour la CSTI, très active non seulement à travers les sites classiques de présentation des activités et autres ressources des structures de culture scientifique, mais aussi sur les réseaux sociaux, les plateformes de partage, voire par la production d'interfaces ludiques ou pédagogiques directement en ligne. Le développement de la CSTI passe actuellement par la fabrication de *serious game*, de parcours d'expositions interactifs ou de réalité augmentée, de livres numériques, ou bien encore de Moocs (*Massive Open Online Courses*, cours en ligne ouverts à tous). Autant de dispositifs dont les caractéristiques innovantes sont présentées dans un récent rapport sur *Les cultures scientifiques en lien avec le numérique*[114] auquel nous emprunterons quelques références à suivre. La CSTI inaugure également de plus en plus d'espaces de type *fab labs*, *living labs*, tiers-lieux collaboratifs qui s'appuient sur les équipements numériques (imprimantes 3D, découpes laser, environnement intelligent) pour

114 Laurent CHICOINEAU, 2015. *Partager les cultures scientifique, technique et industrielle à l'ère numérique. États des lieux et recommandations.* À paraître. Les nombreuses innovations concernant les nouveaux outils de la médiation en lien avec le numérique sont l'objet de ce rapport minutieux que le Ministère de l'Enseignement Supérieur et de la Recherche a confié en 2014 à son auteur. Dans cette enquête exposée à Lyon en mai 2015 lors du 1er forum régional de la CSTI en Rhône-Alpes et qui présente à la fois un état des lieux et des pistes de chantiers stratégiques pour mieux partager les savoirs à l'ère numérique, les recommandations faites par Laurent Chicoineau prennent en compte les multiples dimensions du partage des savoirs à l'ère numérique: innovation, appropriation, nouvelles façons d'apprendre, libertés individuelles, gouvernance. Elles prescrivent plusieurs orientations: mieux comprendre et maîtriser la culture numérique (formation des médiateurs au numérique, cartographie des compétences, création d'un Mooc), produire de la connaissance sur les expérimentations en cours, privilégier le recours aux formats ouverts, reconnaître et valoriser le rôle des universités et des étudiants, accompagner le développement de nouveaux modèles économiques. La commande même de ce rapport souligne la prépondérance indéniable du numérique dans l'évolution souhaitée de notre société, considéré «comme l'un des principaux moteurs de l'innovation technique et organisationnelle, productrice de valeur et de développement socio-économique». La conscience qu'en ont les politiques publiques entraîne une forte promotion de ce secteur avec, il y a peu encore, une enveloppe financière conséquente débloquée par le gouvernement pour l'équipement à marche soutenue des écoles de la République afin d'éviter une fracture numérique qui renforcerait la fracture sociale. Un autre rapport a eu une influence déterminante dans cette implication des institutions pédagogiques, celui du Conseil National du Numérique, 2014. *Jules Ferry 3.0. Bâtir une école créative et juste dans un monde numérique.* http://www.cnnumerique.fr/wp-content/uploads/2014/10/Rapport_CNNum_Education_oct14.pdf.

proposer des modalités de travail plus inclusives avec les publics, où l'approche visant à faire par soi-même (mouvement des *makers*) et les processus de co-construction sont à l'œuvre. Cette tendance coopérative se répand également dans les équipes de médiation qui s'ouvrent à des méthodologies auto-formatrices *via* notamment des actions de type Muséomix, qui, lors de sessions immersives sur trois jours, invite des professionnels de diverses formations (médiateurs, designers, informaticiens, développeurs, artistes...) à repenser un espace de médiation muséal. Utilisant des procédés inspirés des ateliers créatifs (*workshops*), ces nouvelles formes pluridisciplinaires de médiation culturelle, à la fois pratiques et réflexives, familiarisent celui qui y participe à des organisations contributives du travail applicables au quotidien dans l'élaboration de ses activités : *brainstorming*, co-création, prototypage, autant d'outils à la disposition des médiateurs aujourd'hui. Les technologies numériques fournissent aussi des instruments pour la médiation permettant de mieux diffuser les sciences. L'ergonomie souple des interfaces sur internet, abordables aujourd'hui par une majorité de gens sans connaissance informatique approfondie, donne naissance à de nouveaux moyens de valorisation des sciences : ainsi nous pouvons considérer les blogs à caractère scientifique comme autant d'ouvertures dont s'emparent parfois directement les chercheurs, quelles que soient leurs disciplines, pour partager leur vision avec un panel virtuellement plus large de lecteurs. De plus en plus de scientifiques se mettent ainsi en réflexivité, comme le conseillait Baudouin Jurdant, en vulgarisant directement leur recherche *via* internet, pour leur bien et celui de l'internaute apte à les lire. Et puis, bien sûr, les journalistes scientifiques qui trouvent dans ces outils de communication de masse un canal efficace pour parler au plus grand nombre de l'information scientifique dont la présence se raréfie dans les médias traditionnels (presse écrite quotidienne, radios ou chaînes de télévision), tendance confirmée déjà en 2008 par *State of the News Media*[115], un rapport annuel de référence. Les nouvelles technologies semblent donc « démocratiser » la production scientifique, d'autant qu'elles donnent aujourd'hui accès à des millions d'articles[116], si tant est que leurs contenus généralement en anglais soient intelligibles au premier venu (ce qu'ils ne sont évidemment pas) : les bases de données - c'est un fait incontestable - rendent la ressource disponible dans toute sa richesse et sa diversité pour le plus grand nombre, comme elle ne l'a jamais été dans l'histoire humaine : qui souhaite et en possède les compétences peut donc s'en emparer. Elles créent toutefois, du fait même de la taille exponentielle de l'offre, des problématiques redoutables de repérage car si la disponibilité de l'outil assure une quantité et une qualité technique toujours améliorées des ressources, elle ne garantit en rien la

115 http://www.stateofthemedia.org/2008/. Pour un nouveau journalisme scientifique, voir le site né sur la toile www.knowtex.com, dont l'essentiel des actualités passe par les blogs des rédacteurs. Parmi les premières « plumes » de ce site, plusieurs d'entre elles ont d'ailleurs rejoint des équipes de CCSTI depuis.

116 Le site www.mysciencework.com propose ainsi plus de 31 millions (!) de publications scientifiques en consultation libre.

quantité et la qualité de leur appropriation et surtout du traitement critique des informations par ceux qui les reçoivent, voire les rediffusent. Toutes ces initiatives prometteuses nées des capacités numériques vont dans le bon sens du dialogue entre les sciences et la société, celui d'une science ouverte (*open science*) plus transparente et collaborative, à laquelle sont associées les sciences participatives : non seulement les scientifiques recourent à internet pour partager et résoudre des hypothèses puis en diffuser les résultats, mais l'usage des outils du web social notamment active une place pour les amateurs éclairés et connectés au sein des programmes de recherche. La mise en réseaux d'observateurs, de réflexions ou de machines augmente la collecte de données permettant d'alimenter et de documenter les projets, dont certains présentent de belles originalités dans la forme comme dans le fond. Ainsi parmi d'autres, les *Citizen Science Initiatives* lancées par des laboratoires américains et rassemblées sur le site du magazine *Scientific American*[117], portant sur l'éthologie, la géologie, la santé ou l'astronomie. Beaucoup de ces opérations descendent des sciences vers la société. Certaines se développent à partir d'intentions individuelles et civiques venant « d'en bas », auxquelles les outils numériques, *via* une médiation, donnent une visibilité et entraînent parfois la mise en œuvre de véritables études. C'est un des objectifs des Boutiques des sciences, dispositif de médiation inscrit dans un large réseau européen[118], qui fut un temps abandonné puis réactivé grâce aux potentialités numériques.

Toutefois, malgré cette richesse d'exemples de qualité, de nouveautés séduisantes, de possibles et de discours que nous avons à peine balayée car elle fait déjà l'objet d'une vaste littérature, il convient de prendre un peu de distance, de nous arrêter, et d'observer.

Une impression étrange se dégage : nous pourrions croire, éblouis par la profusion de ses manifestations dans de nombreux domaines, que le numérique présent presque partout est devenu ou est en passe de devenir une évidence. Une évidence telle[119] qu'il

117 www.scientificamerican.com/citizen-science

118 www.livingknowledge.org

119 Dans un *workshop* international organisé en mars 2015 au CCSTI La Rotonde sur la thématique « En quoi les communautés connectées vont transformer la ville de demain ? », et qui associaient aux élèves ingénieurs de l'École des Mines de Saint-Etienne des étudiants en design et en art venus de Milan (Politecnico), Londres (Brunel) et Tuscaloosa (Alabama), les résultats furent sur ce point édifiants. Toutes les propositions se limitaient à imaginer des interfaces numériques plus ou moins originales, censées aider la vie urbaine du futur. Très peu de réflexion critique sociale ou de recul politique est apparu dans les propositions finales en dehors de cette créativité finalement assez conformiste en faveur de nouveaux outils proposant de nouveaux usages généralement mercantiles et sécuritaires. Sans blâmer les étudiants, la faute revient également à la manière dont la question leur fut posée, et à l'absence d'encadrants venant des sciences humaines ou de la société civile pour perturber ces réflexes de la pensée « *numérunique* », formatages que ne perturbent pas le cursus universitaire.

peut sembler naturel de parler aujourd'hui de culture numérique (et donc d'en faire sa médiation), comme de nombreux écrits n'hésitent plus à l'annoncer, qui aurait succédé, en quelques années, à la culture médiatique de la génération précédente, ou du moins à une culture technique installée depuis un siècle et demi. L'encyclopédie en ligne *wikipédia* insuffle déjà une nuance à la notion de *culture numérique* dont elle est d'ailleurs un pur produit au demeurant remarquable, culture qui « se caractérise ainsi par la production de produits culturels par des personnes aux compétences et aux occupations les plus variées, qui viennent remplacer ceux autrefois nécessairement conçus et produits par des spécialistes ». Derrière cette déclaration réaffirmant la diversité des acteurs désormais impliqués dans la culture scientifique, il est plutôt question de ceux qui possèdent ou doivent acquérir une culture numérique, comme l'on peut avoir une culture cinématographique ou artistique, c'est-à-dire une culture pensée dans son sens restreint, celui d'une industrie des biens culturels réservée à des individus ou à des *communautés.* Même si nous commençons à tendre vers cette autre direction, il ne s'agit pas encore automatiquement de l'émergence d'une culture vivante largement infusée dans la société, avec son système de valeurs, de savoirs et de croyances, c'est-à-dire engageant l'extension et la rénovation de nouvelles manières de penser, de sentir et d'agir d'une *collectivité.*

Cette impression artificielle d'évidence vient d'abord des concepts sur lesquels s'appuient le numérique et sa médiation innovante, issus des sciences humaines ou de l'économie, acceptés et utilisés souvent sans égard. Or, lesdits concepts sont loin d'être évidents, tant dans leur définition que dans leurs présupposés au premier rang desquels la notion de « communauté », où le commun tend à se confondre avec son adversaire, le communautarisme. Le vocabulaire ésotérique et fétichiste autour du numérique, utilisé dans les milieux créatifs autorisés, empêche d'en saisir les caractéristiques et crée en bout de chaîne de nouveaux lieux d'exclusion branchés habités par des communautés d'intérêt. Ici, la *nov'langue* échappe à toute personne non initiée, alors même que ces espaces prétendent pourtant toucher les *vrais* gens ou intégrer les jeunes dans la culture numérique irriguant la société (tiers-lieux, *living labs*, *hacker spaces*, *clusters*...). Ce phénomène peut se voir justifié à l'occasion par ce besoin d'identification à un groupe, sur lequel fonctionneraient les adolescents notamment. L'attention portée par le biais des sciences et des techniques aux 15-25 ans est urgente et louable, à cet âge délicat et révolté où l'on cherche une cause forte à laquelle adhérer, une raison de vivre ou des valeurs dans lesquelles croire. Et force est de constater qu'après la fin des grands récits politiques disparus au début des années 1980, les engagements des jeunes générations qui ne se résignent pas au désenchantement et à l'ennui ou ne se noient pas dans les mondes virtuels et éthérés, se focalisent régulièrement sur les dernières propositions suffisamment hautes en couleur pour satisfaire leur mouvement normal de rébellion et leur volonté de faire bouger la société, comme celles du Front National, des dérives sectaires, ou des courants tels l'islamisme radical qui n'ont de religieux que l'épais apparat[120]. Il importe donc de proposer d'autres voies d'expressions en faveur d'une existence meilleure, des terrains neufs d'engagement dans la cité, des causes pour lesquelles se battre et que peuvent alimenter les sciences et les techniques, ce que prétend avec pertinence porter une certaine médiation scientifique en s'appuyant sur l'appétence actuelle des jeunes pour les nouvelles technologies. Toutefois l'approche communautaire qu'utilisent largement les agents culturels servant et vulgarisant le numérique - approche plus dans la tradition anglo-saxonne que française ainsi que nous l'avons évoqué avec Régis Debray -, est à manipuler avec beaucoup de vigilance, car elle peut se révéler préjudiciable si elle renforce une certaine idéologie déjà signalée plus haut qui ne nous semble pas devoir être celle garantie par la médiation. L'anthropologue Marc Augé, dans *La communauté illusoire*, en défendant un existentialisme politique, souligne que «le bien commun et l'idée de communauté… n'existent qu'à l'état d'idéal et de projet»[121]. Cet élan presque utopique peut croiser celui de la médiation si elle devient ambitieuse dans son propre projet qui n'a au fond jamais de fin, puisque la société est un organisme vivant en perpétuel processus d'individuation. La médiation scientifique reste cet effort permanent qui promeut une science conçue comme un bien commun à élaborer, non un acquis communautariste à défendre, un projet collectif pensé avec et pour la société dans toutes ses dimensions et ses territoires, un *projet de société* dans le sens fort du terme.

Un tel projet de société s'énonce pourtant bel et bien, dans lequel la médiation scientifique semble partie prenante. Il est généralement défini comme celui d'une «société de la connaissance». Mais d'où vient cette expression et que signifie-t-elle, son usage ne garantissant ni son sens, et encore moins sa réalité ou sa réalisation ? Nous la trouvons clairement formulée en 2002 dans le sixième programme cadre européen, faisant suite à la stratégie arrêtée au Conseil européen de Lisbonne de mars 2000 qui se fixe comme but de préparer la transition vers une société de la connaissance et faire de l'Union européenne «l'économie de la connaissance la plus compétitive et la plus dynamique du monde d'ici à 2010, capable d'une croissance économique durable accompagnée d'une amélioration quantitative et qualitative de

120 L'Islam radical est d'ailleurs devenu aujourd'hui une idéologie d'abord politique qui recrute bien au-delà des seules populations issues des quartiers populaires. Plus généralement, comme le souligne Jean-Loup Amselle dans un entretien récent, la religion islamique «est devenue l'idéologie des opprimés et des discriminés, et pas seulement des gens issus de l'immigration et de la diversité, ou d'origine africaine ou maghrébine». (Jean-Loup AMSELLE, 2015. «Penser avec l'Afrique. Penser contre l'Afrique (des post-coloniaux)», entretien. Revue *De(s)générations* n°23, *Prévoir avec l'Afrique, agir dans le monde qui vient.* Jean-Pierre Huguet Éditeur, mai 2015). Aussi fleurit-elle *aussi* dans les campagnes de Normandie. Comme le fondamentalisme évangélique dans les Amériques, l'Islam extrémiste passe par le secteur social, là où l'Etat s'est retiré, pour s'implanter. Comme lui, il est idéologique et politique avant d'être religieux, ce qu'il reste toutefois aussi, le cocktail augmentant le danger de fanatisation et d'intolérance pour ceux qui s'enrôlent.

121 Marc AUGÉ, 2010. *La communauté illusoire*. Éditions Payot & Rivages, Paris, p. 38.

l'emploi et d'une plus grande cohésion sociale»[122]. Les résultats de cette intention à l'échéance indiquée sont désormais connus, sans plus de commentaires.

La société de la connaissance, avant d'être reprise par les politiques, est une tournure débarquée de l'économie. Elle signifie qu'une nouvelle organisation est née des technologies numériques, dont le moteur est lié à l'appropriation des connaissances et à la production d'innovations. Tout ce qui y concourt, incluant les secteurs de la vie sociale portés par le développement technique, est considéré comme de potentiels nouveaux centres d'un *capitalisme cognitif*. Le problème vient que cette économie des savoirs est d'abord stratégique, et concerne le développement des entreprises et des territoires, non l'épanouissement des individus. Car, même si la circulation exponentielle des informations génère de nouveaux métiers dans les sociétés impactées, nombreux sont ceux qui, n'ayant ni les moyens financiers, contextuels ou intellectuels de profiter de ce système, ni d'intérêt pour lui, en sont de fait exclus. L'injonction prioritaire faite en faveur du numérique et l'impulsion prédatrice du capitalisme cognitif ou plutôt de l'*anarcho-capitalisme cognitif*[123] qui l'accompagne, laissent fort peu de place à ceux qui ne peuvent ou ne veulent entrer dans cette bulle. La société de la connaissance équivaudrait donc, en caricaturant le tableau d'une vie contemporaine vue à travers le prisme des technologies binaires, à la société de l'information (généralisation de la diffusion et de l'usage d'informations qui s'appuie sur le développement technique des communications à bas coûts) *plus* l'organisation des savoirs et des êtres en marchandises, soient les données *plus* les bases de données. Car, que recouvre l'idée de société de la connaissance, une fois constaté que les individus n'en sont plus le cœur vivant au profit de l'économie ou de l'industrie du futur, ou que le haut débit d'informations ne conduit pas forcément, loin s'en faut, à un meilleur partage et une plus grande maîtrise des savoirs de la majorité ? Tant il est par ailleurs banal de déplorer les dérives vers la désinformation que la

122 Conseil européen de Lisbonne. 23 et 24 mars 2000. «Conclusions de la Présidence». Consultable sur le site www.europarl.europa.eu/summits/lis1_fr.htm.

123 Il nous semble intéressant de rapprocher ce que nous avons avancé concernant l'anarcho-capitalisme dans le second chapitre, de l'idéologie transhumaniste qui explose de nos jours, nouvelle cicatrice scientiste au cœur du XXIe siècle. Le perfectionnement des caractéristiques physiques et mentales des êtres humains grâce aux technologies numériques que prône le transhumanisme, sous couvert d'œuvrer pour le progrès de la condition humaine, ne vise pas à une réalisation de soi des individus mais à une amélioration cognitive et performative des *moi* de quelques spécimens. Cette pensée post-humaniste aux implications sociétales et éthiques majeures est aujourd'hui dans les mains de quelques structures privées puissantes, en particulier l'entreprise Google, laquelle finance de colossaux programmes de recherche dans de très nombreuses universités et laboratoires à travers le monde. Si le transhumanisme parle avec raison autant de corps que de spiritualité, il participe à masquer les questions de fond de la majorité de l'humanité, pour laquelle il ne s'agit pas tant de vaincre le vieillissement, la souffrance, la maladie ou la mort grâce aux sciences et aux techniques, mais de leur donner une signification dans leur vie. Nous voyons une fois encore comment les ambitions d'une certaine élite pervertie peuvent devenir, petit à petit, celles que tout un chacun doit nourrir, par le biais des médias de masses que cette élite possède et dirige.

surinformation provoque, ou la baisse de la qualité critique des connaissances mal acquises par les jeunes générations pourtant adeptes des nouvelles technologies. La société de la connaissance se résume ainsi à un libellé, ou plus exactement à un slogan pourtant repris un peu partout, notamment dans les milieux de la culture scientifique. Les mots vidés de leur signification, choisis pour leur force de propagande et donc leur gouvernement sur les masses, reviennent sur le terrain culturel par le biais de directives politiques pilotées par le monde économique aujourd'hui largement financiarisé. Elles deviennent ainsi des boussoles pour la fabrication de dossiers de subventions pour la CSTI et ses projets numériques, qui dès lors s'édifient sur... du vide. Pas étonnant que les actions de médiation scientifique manquent régulièrement leur cœur de cible proclamé faute de fondements solides, ou qu'il existe des problèmes d'adhésion à ses propositions de la part d'une grande partie de la société (et parmi elle les plus déclassés) qui ne reconnaît pas en elles l'essentiel de ses préoccupations[124]. Si les médiateurs du numérique participent donc aujourd'hui à l'idée généreuse promouvant le passage d'un modèle de diffusion des connaissances à celui d'une co-construction des savoirs en société, ou la transition des centres de science vers des plates-formes territoriales pour le partage des savoirs et des innovations, il leur appartient d'accorder une plus grande attention aux principes et matériaux qui charpentent leurs actions, à la viabilité du but pour lequel ils annoncent œuvrer.

Un exemple contre lequel le monde de la médiation scientifique peine à se mobiliser (alors que la médiation est comme nous le verrons pleinement concernée par ce sujet voire affectée dans son activité même) touche l'exploitation des métadonnées ou *Big Data*. Sans les réduire à cette question, eu égard à leur emploi déterminant dans de nombreux domaines de recherches scientifiques prometteurs, nous aborderons dans cet ouvrage les *Big Data* en tant que traces informatiques laissées par chacun de nous chaque fois que nous utilisons un objet technique numérique connecté à un réseau : *smartphone*, ordinateur branché sur internet, GPS, mais aussi carte bancaire. Ces données périphériques que nous fournissons en quantité colossale dès lors que nous utilisons librement ces outils peuvent être qualifiées de brutes, car ce ne sont ni leurs contenus ni leur provenance précise qui comptent. Ainsi ce que contiennent nos mails ou nos communications n'intéresse pas le champ des métadonnées, seules leurs traces sont répertoriées : quels types de sites nous

124 Pour confirmer : rien de *luddite* dans ces réflexions, c'est-à-dire de violemment conflictuel ou de réfractaire aux sciences et aux techniques, mais le souci que nous avons de leur donner une juste place dans la maturation harmonieuse des individus et des sociétés, en tenant bien évidemment compte du fait qu'elles sont des réalités structurantes incontournables de notre époque. Pour donner un exemple de « ratage », et en nous limitant à l'expérience que nous avons eu à La Rotonde lors de la création d'outils numériques destinés aussi au plus grand nombre, en l'occurrence un album jeunesse numérique téléchargeable sur les plateformes d'achat en ligne, cette création francophone a connu une utilisation riche et pertinente dans le cadre d'animations scientifiques, reprise par des professionnels de la médiation, mais a eu des difficultés à rencontrer son public individuel et familial. Par ailleurs et selon nos observations, les études fiables étant rares à ce jour, la typologie des publics fréquentant des espaces de type *fab lab* ou tiers-lieux est également signifiante à ce sujet.

consultons le plus fréquemment et pendant combien de temps ? Combien de mails envoyons-nous chaque jour, à combien de personnes, situées où ? En somme, les métadonnées souvent triviales que nous donnons sans y penser en *surfant* sur nos machines sont en elles-mêmes dénuées de signification. Elles ne sont d'ailleurs pas enregistrées comme appartenant à tel ou tel particulier. Au contraire, si elles font l'objet d'un premier traitement, c'est dans le but de les décontextualiser au maximum, les nettoyer de ce qui les rattacheraient à une source, afin d'en faire des paramètres d'une équation, des éléments d'un calcul. Ce ne sont donc pas les données qui font sens, mais leur agrégation avec d'autres données. Une fois compilées par des super ordinateurs, elles sont traitées grâce à des algorithmes qui, orientés intentionnellement, peuvent alors dessiner une typologie d'internaute, une catégorie de consommateur, un profil (*data-mining*) d'individu.

Les métadonnées font aujourd'hui l'objet d'une grande attention, dont on voit les résultats concrets tous les jours du côté du marketing ciblé dont nous sommes victimes en circulant ou *a fortiori* en achetant sur internet : les publicités qui s'affichent automatiquement en ouvrant nos courriers électroniques en fonction de nos pratiques de navigation, les conseils d'achat qui nous sont prodigués sur les sites marchands visités, tout cela est le résultat du traitement des métadonnées, qui ne s'adresse pas directement à nous, mais avec une certaine acuité au profil le plus proche duquel nous correspondons. De cette masse de données sans signification sont retirées des inductions opérationnelles que les industriels de la vente de produits manufacturés maîtrisent parfaitement. Ce qu'ils convoitent, c'est notre profil : ce que nous sommes supposés aimer et acheter, ce que potentiellement nous pouvons développer, ce que nous sommes censés être, les choix qu'il se pourrait que nous fassions, les itinéraires que nous risquerions de prendre. Avec les métadonnées, en véritables devins modernes les machines pistant les traces calculent l'Homme probable. Elles dessinent des portraits, des contours, des circuits, des comportements, des trajectoires. La chercheuse Antoinette Rouvroy, dans un entretien accordé au magazine *Article 11* et intitulé « *Big Data is algorithming you* »[125], souligne dans cette situation une inversion de la vision développée par Georges Orwell dans son célèbre livre *1984*, qui décrivait une société d'hyper-contrôle où la surveillance continue des individus par *Big Brother* visait à les empêcher de s'exprimer[126]. De manière plus pernicieuse, dans notre actualité numérisée par les

125 Antoinette ROUVROY, 2014. « *Big data is algorithming you* ». Entretien recueilli par Pierre Alonso, in *Article 11* n°17, juillet-août-septembre 2014. Imprimé par l'Association Article 11, Saint-Denis, pp. 13-14.

126 Georges ORWELL, 1949. *1984*. Éditions Gallimard « folio », Paris 1972. La surveillance comme moyen de faire taire perdure tout de même. Nous avons pu voir ce que modifiait le maniement des nouveaux outils techniques au service du plus grand nombre lorsqu'ils sont utilisés sans contrainte, et le rôle qu'ils ont joué lors de certaines insurrections, comme pour les « printemps arabes » ou plus récemment en octobre 2014 au Burkina Faso. Lors de ce soulèvement, les applications de messageries instantanées *Whatsapp* (rachetée au passage par Facebook...) ou encore *Viber* ont permis l'organisation du mouvement populaire, la destitution des gouvernants, et le retour au

métadonnées, c'est exactement l'inverse : par la surveillance impersonnelle des traces, l'objectif n'est pas d'empêcher quiconque de s'exprimer, mais d'obliger chacun à le faire. Les computers se nourrissent de toutes les traces que nous pourrions lui donner en nous livrant sur la toile, afin d'établir des profils de plus en plus pertinents. La liberté d'expression de soi doit être non seulement volontaire, mais si possible outrée, afin de sustenter la machine à calculer géante, qui stimule sans cesse cette tendance en nous à travers des outils conçus pour favoriser l'illusion du don de soi dans le spectacle du moi : *facebook*, *twitter*, *instagram*, etc. « Soyez vous-même ; soyez libre de vous exprimer au maximum ; existez à travers votre profil sans bouger de chez vous ; ce dont vous avez rêvé ou besoin, nous l'avons déjà en stock ». L'arrivée des objets dits connectés devraient accentuer ce phénomène, et proposer sous peu des publicités personnalisées ou plutôt profilées sur nos montres, nos téléviseurs, nos espaces les plus privés, afin de doper en chacun la compulsion d'achat ou le *réflexe* de consommation, certainement pas d'encourager le décentrement, la *réflexivité*.

Comme figure paroxystique qui agit à la manière d'une lentille grossissante sur ce dont elle procède, les *Big Data* permettent de poser les enjeux des sciences du numérique, non seulement sur un plan stratégique certes capital (capacité à traiter des données, contrôle de la qualité et sécurité des logiciels, gestion des volumes), mais également pour les êtres humains. En ceci concernent-elles la médiation. Par-delà le profilage de nos vies comme de nos relations, et la numérisation du monde et du réel, les métadonnées exercent plusieurs effets pervers nés de l'irruption relativement récente du numérique dans nos quotidiens, pointés par Antoinette Rouvroy dans les réflexions qu'elle mène depuis plusieurs années autour de ce qu'elle nomme la *gouvernementalité algorithmique*. « Le réel numérisé peut en effet sembler être le réel lui-même. Comme il n'y a pas de sélection de données par des acteurs humains, donc faillibles, on a l'impression d'une très grande objectivité. La totalité des données étant actualisée en temps réel, le monde numérisé paraît la reproduction exacte du monde. La notion de médiation, de représentation en fait les frais, comme pour consacrer le mythe de l'accès immédiat au réel tel qu'il est ». L'absence progressive d'une distinction entre le monde et sa représentation charrie des conséquences multiples, et en particulier dans ce que souligne Rouvroy, la disparition de l'épreuve ou de l'événement dans l'immédiateté sur laquelle nous reviendrons, et l'impossibilité même de la critique. Cette dernière n'est plus envisageable car l'agrégat impersonnel et indifférent des données ne fabrique pas un savoir à proprement parler, même s'il le prétend : l'archivage clinique ne suffit pas à produire une connaissance, c'est son utilisation organisée, qui seule peut faire naître une pensée. Or « le réel numérisé va à rebours de l'idée que le savoir est toujours construit, et donc critiquable en fonction des conditions de sa construction. Si ce n'est pas construit, ce n'est pas critiquable »[127]. La production de

calme avec le nettoyage des rues ayant subi les débordements. Le contrôle étroit des technologies numériques par certains régimes s'explique aussi par cela.

127 Antoinette ROUVROY, 2014. *Ibid.* p. 14.

traces compilées dans des bases de données s'étoffant continuellement, l'ensemble des contenus devenu inconcevable empêche d'en fixer sur une durée minimale une image cohérente, solide, permettant de dégager à un moment ou à un autre un sens, un cadre ou une moyenne à partir desquels discuter et le cas échéant s'élever. La normalité devient ainsi une notion flasque, insaisissable, en perpétuelle recomposition en fonction des données produites par chacun de nous. Elle ne fait plus référence, elle n'est plus opposable, ne peut plus faire l'objet d'une critique ou d'une transgression grâce à laquelle il est possible de se positionner. Face à la disparition de repères contestables s'élève un véritable risque individuel, mais aussi collectif, pour la critique constructive, pour le débat public et donc plus généralement pour la démocratie, qui ne peut vivre que du dialogue. En effet ces métadonnées « infrapersonnelles agrégées au niveau supraindividuel », donc anodines et décontextualisées car elles ne se rapportent pas directement à notre intimité même si elles la ciblent, ne nous apparaissent pas comme menaçantes, alors qu'elles participent pleinement à *ce* qui nous gouverne à travers les nouvelles technologies du calcul numérique, les pouvoirs et les savoirs associés[128]. Les

128 Mais qu'est-ce qui nous dirige au fond ? De moins en moins des Hommes ou des institutions, sans parler d'un groupe d'individus ou d'une supra-structure, mais de plus en plus une infrastructure, c'est-à-dire une façon d'organiser technologiquement le monde. Derrière les puissantes machines à calculer, il est difficile en effet de percevoir le moindre opérateur ou conducteur. Les mathématiciens qui conçoivent des algorithmes de plus en plus auto-apprenants ne traitent pas les métadonnées recueillies, stockées dans des bases. Les industriels les exploitent mais ne les fabriquent pas, ils en tirent juste profit comme nous l'avons vu précédemment. Les *Big Data* intéressent les gouvernements, ainsi que l'ont clairement indiqué les révélations du lanceur d'alertes Edward Snowden sur l'agence de surveillance américaine, la NSA, faisant craindre de futurs régimes malintentionnés arrivant au pouvoir, avec à leur disposition ces outils innovants, pouvant dès lors mettre sérieusement en danger les libertés individuelles. Toutefois officiellement personne ne pilote, et cette dilution des responsabilités ne fait que renforcer l'inquiétude. Cette inquiétude s'est exprimée en France au moment du vote sur la Loi sur le renseignement, basée sur la surveillance des métadonnées, que les parlementaires ont toutefois votée en mai 2015 ; une loi qui joue sur toutes ces ambiguïtés. Elle vise à repérer et signaler, à partir d'une typologie déterminée par le calcul appliqué aux traces computées en *Big Data*, des comportements qui pourraient présenter le risque de devenir un jour déviants, et à agir en conséquence, c'est-à-dire en prévention ou en préemption. Il est explicitement indiqué dans la loi l'objectif de détecter de nouveaux profils de terroristes notamment, afin de les contrôler avant qu'ils aient pu agir, voire qu'ils aient eu même l'intention d'agir. Mais la législation va plus loin, rendant possible l'extension de la surveillance aux personnes en contact avec les suspects, devenant dès lors des criminels en puissance. Dans cette phase moderne du renseignement aidé par les technologies numériques, le but n'est plus l'enquête sur les causes d'un événement dramatique déjà produit afin d'en comprendre les conditions de production et éventuellement d'agir pour les transformer (l'événement disparaît), il vise à prévoir la potentialité de son advenue, rejoignant ainsi ce qui fut longtemps une simple fiction littéraire visionnaire (*Minority Report* de Philip K. DICK, 1957). Nous observons peu de résistance de la part des citoyens en l'occurrence sous-informés, qui ne sentent pas l'importance de ce qu'ils transmettent, voire sont persuadés du bienfait de telles mesures dans le cadre d'une « guerre contre le terrorisme » ; d'aucuns estimant que, n'ayant rien à se reprocher, ces technologies intrusives voire invasives ne les concernent pas. En jouant sur la peur, les pouvoirs publics arrivent progressivement à ce que les masses comme les élites votent en faveur de leur propre asservissement. Ceux mêmes qui ont conscience du problème de surveillance qu'induisent ces outils choisissent au mieux de protéger leurs données (cryptage), plutôt que de s'élever contre la traçabilité absolue des métadonnées, traçabilité qui touche

individus «considérés comme agrégats temporaires de données exploitables en masse à l'échelle industrielle»[129] se dérobent derrière leurs profils. L'évanouissement du sujet moral dans la structure de son comportement participe à la disparition de l'individuation, c'est-à-dire du collectif et de la médiation, en somme de la possibilité d'un épanouissement personnel. Cette situation contemporaine compromet la fabrication d'êtres autonomes et centrés, donc demain d'adultes accomplis, phénomène que nous observons justement chez les jeunes générations baignées dans le numérique, en pleine croissance, recherche et construction de soi, ceci d'une manière apparemment paradoxale. Nous ne pouvons pas nous contenter de regarder la transition numérique à laquelle il faudrait s'accrocher pour ne pas décrocher, sans l'associer au constat de l'hypertrophie du narcissisme, à travers des pratiques exhibitionnistes et égocentriques de notre *self* grandiose sur le web social particulièrement; c'est-à-dire de l'individualisme forcené de l'individu, qui est en fait coïncidente à une négation de l'individuation, c'est-à-dire d'une possible réalisation de soi dans sa plénitude grâce et dans le collectif. Plus d'individuation dirait Simondon, plus de subjectivation annonce Antoinette Rouvroy: le soi s'estompe, même si le moi reste objet de toutes les valorisations. Notre société creuse l'individualisme, ce qui, pour rappeler le mot de Carl Jung, est le signe que nous ratons nos individuations (ce dont l'explosion des maladies modernes – angoisses, *burn-out*, dépressions – n'est peut-être que l'expression ou le symptôme). Or un corps social dont la préoccupation ou du moins l'action plus ou moins consciente ne permet plus la maturation d'une majorité de ses membres entre lui-même dans un état valétudinaire.

La place de la médiation [scientifique] est délicate dans cette phase d'alliance plus que d'amitié entre les sciences et les techniques qu'est le numérique, car nous sentons dans une certaine mesure sa légitimité remise en cause par ce dernier. Son rôle propre, qui diffère d'une simple vulgarisation remise au goût du jour, oscille entre l'appropriation des technologies du numérique et la libération du dialogue sur les enjeux qu'elles posent dans la société. Or si les deux ont également de l'influence, l'angle de vue choisi ou l'entrée prioritaire modifie considérablement non seulement ses objectifs (donc le traitement des outils de diffusion par ailleurs quelconques conçus pour y parvenir), mais aussi la place même de la médiation aujourd'hui et demain. Car comment concilier le fait que la manipulation des métadonnées issues des technologies numériques entraine une fragilisation de

---

par ailleurs aux questions de mémoire et d'oubli, si fondamentales quant à la différenciation entre les intelligences humaine et numérique. Ainsi passent des lois aux capacités liberticides manifestes, au nom de la liberté, en particulier de la liberté d'expression. Il conviendrait ici de rappeler cet avertissement que fit le philosophe des Lumières CONDORCET en 1781, dans sa réflexion sur l'esclavage: «une association où la tranquillité générale exigerait la violation du droit des citoyens ou des étrangers, ne serait plus une société d'hommes, mais une troupe de brigands».

129 Antoinette ROUVROY et Bernard STIEGLER. «Le régime de vérité numérique». In *Le tournant numérique... et après?* Dana Diminescu, Michel Wieviorka (rédacteurs). Les Éditions de la Maison des Sciences de l'Homme, Paris 2015, p. 117. http://works.bepress.com/antoinette_rouvroy/61

l'existence démocratique alors que la médiation appelle un renforcement du lien social? Ou qu'elle se traduit dans la société par l'intrusion publicitaire et l'induction policière dont l'ambition est de prévoir et domestiquer les comportements, c'est-à-dire au fond de «contourner l'incertitude»[130] par un savoir prédictif, alors que le but de l'individuation et de la valorisation du relationnel auxquelles nous avons affilié une médiation scientifique renouvelée vise justement à apprendre à vivre avec l'incertitude, grâce à des savoirs construits et critiques? Face à l'idée de *deep learning*[131], il faudrait proposer une *médiation profonde*, ou *intense*, exigeante, n'acceptant pas un ersatz de culture né du numérique, mais expérimentant les voies possibles d'une culture vivante, étayée aussi par les nouvelles techniques. Le numérique va-t-il effectivement être capable d'engendrer une véritable culture, et non sa caricature, voire une inculturation? Car, emporté par la vitesse qu'il impulse, il est tentant de conclure tout aussi hâtivement à l'existence présente d'une *culture numérique* qui se serait rapidement installée en quelques années. Mais suffit-il que nos regards sur les objets, les relations et les valeurs soient modifiés pour proclamer la naissance d'une civilisation inédite fondée sur le calcul? Ou simplement constater l'évolution culturelle touchant nos pratiques dans les domaines sociaux, économiques, juridiques, politiques, en listant les variations produites en eux par le numérique? Nos pratiques sont certes fortement impactées, mais nos façons de penser, et le sens même de l'humain sont-ils changés? Le mode d'existence des *réseaux* techniques auxquels appartient la nébuleuse numérique reste à penser, car ils engendrent des effets singuliers dans leur rapport avec l'humain bien différents de ceux produits par les objets techniques analysés par Simondon, comme prolongements, prothèses et intermédiaires. Parmi ces effets, la dispersion de l'Homme dans le réseau technique numérique, voire son obsolescence programmée lorsque l'intelligence artificielle aura surclassé les capacités de l'intelligence humaine, comme prophétisé par quelques analystes. Or il est difficile de faire culture au sens fort du terme sans individu, sans individualité, juste avec des profils ou des avatars qui ont d'ailleurs

130 Antoinette ROUVROY et Bernard STIEGLER, 2015. *Ibidem*, p. 121. Suivant Antoinette Rouvroy après Foucault ou Al-Ghazali, il importe de ne jamais oublier d'articuler les modalités de production des savoirs, d'autant s'ils sont scientifiques et techniques, à celles de l'exercice du pouvoir, et de nous interroger sur l'idéologie et la croyance qui se cachent derrière le développement ou non d'une technique. Car si une rupture technologique peut entraîner un changement des mentalités et des comportements, inversement et concomitamment, une tradition culturelle peut favoriser ou perturber à dessein l'accueil d'une innovation technique. La relation contemporaine entre savoir et pouvoir à l'heure du numérique nous raconte aussi ceci qu'il nous faut entendre: par le profilage, la survalorisation de la sphère privée mais désincarnée devenue objet de prédation, l'atrophie des espaces publics partagés, la marchandisation des relations humaines, le «détricotage des formes de solidarité», l'étouffement dans l'œuf de la révolte par la plasticité des normes, ce n'est plus la réforme des individus qui est recherchée (ce qui par ailleurs n'avait pas que des avantages à l'âge moderne), mais l'uniformisation et la docilité des comportements.

131 Le *deep learning* est une technique émergente d'intelligence artificielle, sur laquelle travaillent de grands groupes comme Facebook ou Google, et qui vise à trouver des éléments informatiques permettant à un réseau de neurones artificiels d'apprendre sur le modèle du cerveau humain. Inspiré de la neurobiologie, les premières applications de cet «apprentissage profond» portent sans surprise sur la reconnaissance et la classification des métadonnées.

perdu leur caractère et leur intérêt même d'avatars[132] ; ou en niant l'importance de la médiation par une provocation exclusive de l'immédiateté.

Un outil conceptuel pourrait nous aider à penser la participation de la médiation scientifique à ce devenir culture du numérique : la médiologie, initiée par Régis Debray, qui s'appuie sur une périodisation longue pour analyser une pratique culturelle, et repérer des mécanismes de transmission prépondérants autour desquels la culture se stabilise pendant une période, ce qu'elle tend à faire petit à petit autour du numérique. Le numérique vu par le prisme de la médiologie permet de le soumettre à cette démarche dont l'objet est bien l'étude des médiations techniques et institutionnelles de la culture (objets techniques et appareils de transmission comme peut l'être par ailleurs un CCSTI). « Dans *médiologie*, « *médio* » ne dit pas média ni médium mais *médiations*, soit l'ensemble dynamique des procédures et corps intermédiaires qui s'interposent entre une production de signes et une production d'événements »[133]. La démarche médiologique reprend en partie le travail de Gilbert Simondon, non du point de vue de l'individu mais de la société. Dialectique, elle tend aussi à dépasser la contradiction traditionnelle entre technique et culture. Elle essaie de le faire de manière pluridisciplinaire, en observant conjointement les idéologies et les croyances ainsi que « les effets des innovations techniques sur notre culture et nos comportements ». Comment un concept s'incarne-t-il dans la durée, l'apparition d'une technique conditionne-t-elle les mentalités et les comportements d'une population, ou bien encore une culture influence-t-elle l'approbation et l'acclimatation en son sein d'une nouvelle technique ? Le courant de pensée de la médiologie, auquel appartient une spécialiste des traces et identités numériques comme Louise Merzeau, nous semble ici pertinent car il accorde dans sa réflexion une attention aux outils comme à l'aptitude de certaines technologies à accoucher d'une culture, processus qui n'est pas automatique car il rencontre de nombreuses résistances. L'abolition proclamée des frontières n'ayant jamais fait tomber les nationalismes, pour qu'une innovation infiltre le social, de multiples relais sont à l'œuvre, c'est-à-dire des intermédiaires, donc des médiations

132 L'historien Milad DOUIEHI, auteur de *Pour un humanisme numérique* (Éditions du Seuil, Paris 2011), souligne dans un entretien que le mot avatar vient d'une terminologie védique, signifiant l'incarnation d'une figure du vide dans une forme humaine, une icône dans son sens théologique, la présentification d'un absence, bref une représentation. Un des grands intérêts du web permettait justement à quiconque de pouvoir créer des avatars, c'est à dire des personnages nés de l'imagination, et qui symboliquement représentent des parties de soi que nous n'osions ou ne pouvions pas développer dans la vie réelle, à l'image d'un individu exalté qui exprime des tendances inexprimables en société dans le cadre très codifié d'une cérémonie de possession. L'avatar aurait dû permettre ainsi de vivre quand même de manière virtuelle certaines frustrations de la vie réelle, et ainsi de s'en libérer. Or aujourd'hui, sous le nom éloquent de *pseudo* ou celui général de profil, l'avatar sert surtout à mettre en scène sa vie réelle, son « vrai moi », un moi qui se dédouble en avatar, se miroite en lui, et en retour devient lui-même une figure du vide. Le moi est devenu une icône ou une absence en voulant s'incarner dans un avatar qui a absorbé et appauvri dans la numérisation binaire et répétitive sa consistance. C'est du moins ce que tend à provoquer l'utilisation massive des nouvelles technologies du numérique.

133 Régis DEBRAY, 1994. *Manifestes médiologiques*. Éditions Gallimard, Paris, p. 29.

qui inscrivent l'innovation sur le corps social. « En mettant en avant l'irréductibilité des intermédiaires, la médiologie va à l'encontre d'une idéologie de l'immédiat qui prône l'accès direct à toute chose... À l'opposé des discours qui disqualifient les médiations (au nom d'un « faites tout vous-même »), la médiologie rappelle la nécessité du détour technique et politique. Pour les médiologues, l'interaction n'est possible que parce qu'il y a de l'entre-deux : c'est dans le détour par le médium que l'être-ensemble se constitue »[134]. Ceci instaure une première objection à la capacité du numérique à faire d'emblée culture, de par l'accès direct au monde qu'il promet dans ses utilisations exacerbées et régies. Nous l'avons indiqué en exergue de ce chapitre avec la citation de Gilbert Simondon : la tentation de l'immédiat qu'insinue voire qu'impose le numérique provoque de l'angoisse chez l'individu privé de médiation vers et dans le collectif, un manque d'adhésion à son milieu, angoisse et manque alimentés par de nouvelles assignations conformistes, ces « aptitudes permises et exigées par une existence vouée à l'immédiateté (individualisme, hédonisme, vitalité opportune) »[135] ; ce dont notre société contemporaine témoigne tous les jours. Cette production d'angoisse supplémentaire est un point saillant, que ne tempère plus une médiation de plus en plus écartée, élaborée justement pour amortir, filtrer et donner un sens à l'*intranquillité* structurelle de l'Homme en société, notamment face à la démesure de ce qu'il crée.

En s'intéressant aux moyens de prendre en charge l'angoisse existentielle des êtres humains, renforcée aujourd'hui - nous insistons - par la présence massive dans nos quotidiens du numérique qui bouscule les médiations, Régis Debray en médiologue s'intéresse au problème du religieux, de la croyance, et de leurs soubassements matériels. Il postule qu'aucune société ne peut tenir dans la durée sans référence à une transcendance, à des entités ou valeurs extérieures sacrées qui assurent la cohésion du collectif. Debray appelle *incomplétude* ce besoin d'une dimension sacrée qui représente pour un groupe, fut-il laïque ou athée, l'idéal vers lequel tendre et se référer, la transcendance ou valeur posée comme universelle à laquelle croire et autour de laquelle se lie une confiance et se soude un collectif, qui peut apparaître sous la forme d'un mythe, d'une divinité ou d'un concept, d'une doctrine politique, d'une utopie ou d'un territoire en partage. Cet « inconscient religieux du politique » s'affirme depuis longtemps en Occident, selon Debray, dans la science et la technologie de la transmission d'information et ses supports, qui ont transformé les mœurs comme les mentalités, les rapports au savoir et au pouvoir. Il donne trois exemples : le codex de la Bible chrétienne, premier livre relié, qui invente le christianisme, se transmet et bouleverse l'ordre social. L'imprimerie constitue une deuxième révolution parce qu'une évolution du sacré, avec la diffusion massive de livres et du savoir qui conduira de la généralisation de l'école à l'émergence de la laïcité. La troisième serait celle dans laquelle nous

134 Dictionnaire *Le Grand Larousse illustré 2015*, article « MÉDIOLOGIE », Paris 2014.

135 Jaime SEMPRUN, 1997. *L'abîme se repeuple*. Éditions de l'Encyclopédie des Nuisances, Paris, p. 70.

sommes : elle est informatique, avec depuis quelques décennies le déploiement d'internet. Pour chaque moment qu'il nomme des *médiasphères*, Debray relève que de nouvelles croyances transformatrices sont apparues, même si l'objet de la croyance était intempestif au moment où il s'est manifesté (Dieu unique, Laïcité). Ces croyances ont alors fait l'objet de véritables *conversions*[136]. D'où la seconde objection : de quel sacré le numérique est-il aujourd'hui le nom ? Question à laquelle nous peinons à répondre, car le numérique comme devenir culture n'est pas encore stabilisé. Son développement en cours prodigue sans cesse de nouveaux centres et la prolifération exponentielle de données produit un changement d'échelle de l'information n'ayant pas encore livré tous ses bouleversements[137].

Sans tomber dans le revers des religions, mais en reprenant l'acception originelle romaine du mot « religieux », soit *religio*, c'est-à-dire *le soin*, nous croisons avec Debray l'analyse proposée par le philosophe Peter Sloterdijk dans son ouvrage *Tu dois changer ta vie*[138] dont le sous-titre signifiant pour nous est *De l'anthropotechnique* ; lequel auteur décèle, derrière les différentes formes de spiritualité (dont participent les religions) ou dimensions symboliques de l'existence, un besoin prophylactique structurant, une façon de prendre soin de la partie psychique de l'Homme, d'adoucir ses peurs profondes. Sloterdijk souligne que la créature humaine a une constitution immunitaire complexe pour se protéger et survivre, pour gérer ses terreurs et éloigner le danger, selon trois plans ou « sphères » immunologiques qui sont indispensables à son développement : à titre biologique, l'Homme développe un système immunitaire adaptatif et plastique contre les agressions pathogènes (virus, bactéries, parasites) sans lequel il ne vivrait pas. Le deuxième niveau concerne

136 C'est exactement en ce sens qu'il faut lire selon nous les travaux de Milad Doueihi, chantre de la notion de « culture numérique », et aussi et surtout, ne l'oublions pas, historien des religions et en particulier du religieux dans l'Occident moderne. Ce qu'il tente au fond, ouvrage après ouvrage, à travers son affirmation péremptoire et très argumentée de l'existence actée d'une culture numérique, c'est de faire du numérique cette transcendance : ce n'est donc pas un hasard si, dès son premier livre important sur le sujet, il parle du fait que nous soyons déjà *convertis* au numérique, une conversion qui doit mener à un nouvel humanisme (voir *La grande conversion numérique*, Éditions du Seuil, Paris 2008 ; *Pour un humanisme numérique*, Éditions du Seuil, Paris 2011. Il vient également de publier *Dictionnaire de la culture numérique*, éditions Hermann, Paris 2014). Les impressionnantes références qui escortent les analyses hautement cultivées de Doueihi méritent d'être entendues. Nous sommes plus circonspects, au-delà de leur qualité, sur leur capacité à justifier l'existence présente d'une culture numérique vivante.
Sur la notion de conversion, comme changement d'orientation et changement de pensée, retour à l'origine et renaissance, voir l'article « CONVERSION » de Pierre HADOT écrit pour l'*Encyclopædia Universalis* (pp. 979-981) et repris dans la seconde édition revue et augmentée de son ouvrage *Exercices spirituels et philosophie antique*, Albin Michel 2002, pp 223-235.

137 La dimension symbolique ainsi que la question du sens en ce qui concerne le numérique sont peu traitées, même par un réseau de réflexion spécialisé et à la pointe comme Fing (Fondation internet nouvelle génération). Le collectif Fing en fait d'ailleurs l'aveu dans la livraison 2015 de son cahier collaboratif d'enjeux et de prospective, *Questions Numériques*, intitulé « Transitions », lorsqu'il énonce : « Le numérique change tout, c'est sa force. Mais il ignore en quoi, c'est sa faiblesse ».

138 Peter SLOTERDIJK, 2009. *Tu dois changer ta vie.* Libella-Maren Sell Éditions, Paris 2011.

les pratiques socio-immunes, soient les institutions juridiques, politiques, solidaires et militaires mises en place dans les sociétés censées protéger l'individu des effets néfastes qu'engendre aussi la vie commune. Un troisième étage existe, qui touche les pratiques symboliques et psycho-immunitaires, où s'inscrivent les religions, les exercices spirituels, les disciplines ascétiques et les pratiques métaphysiques, qui visent à guérir l'Homme de ses détresses profondes. Ce niveau, qui est fâcheusement méprisé et sous-traité en Occident depuis fort longtemps, sert à soutenir l'individu en demande sur un plan spirituel ou symbolique, en l'aidant à chercher des réponses aux grandes questions existentielles sur ses origines, le sens de sa vie et celui de la mort, qui se posent à tout Homme quel que soit le degré de technologie dans lequel il est plongé. Ce sont à la raison, aux sciences puis aux techniques que fut paradoxalement[139] confiée la tâche de répondre à ces énigmes en Occident depuis l'âge classique, rôle qu'elles ne sont plus en mesure de jouer pleinement aujourd'hui, léguant un vide. C'est également à ce niveau que les médiations agissent, servant à articuler pour l'Homme les relations entre les dimensions symboliques immatérielles et les forces matérielles (dont font parties les techniques) présentes dans son environnement, à leur donner un sens, à les inscrire dans un système de représentations. Au second plan durant des décennies, les médiations dominent aujourd'hui cette vacance.

La médiation n'est pleinement dans son rôle que si elle procède aussi en conscience sur un plan symbolique, si elle joue sa partie en prenant soin d'une facette dévalorisée de l'individu dans notre société, non soumise à une optimalisation digitale. Comme le symbole qui joint deux représentations, connote, signifie, dévoile, transforme, universalise selon le contexte où il est employé[140], la médiation relève de la technique de l'assemblage : une « technique artisanale de la solidité qui vise à faire un seul bloc avec plusieurs ». Et ainsi, à risquer une interprétation, elle divulgue un sens discutable à ceux auxquels cette pratique s'applique.

Le numérique possède une efficacité indéniable de par son stade d'évolution technique, en participant entre autres aux technologies réparatrices de certaines fonctions performatives de l'Homme, ou en permettant d'envisager aujourd'hui une nouvelle économie participative. Toutefois en s'insurgeant contre la représentation, en affaiblissant la dimension symbolique et en disqualifiant la place

139 Paradoxalement, parce qu'autant la raison que la plupart des sciences minorent l'importance de la dimension symbolique, à laquelle à leur esprit défendant elles participent de par leur fonction sociale.

140 Le mot « symbole », σύμβολον, désignait chez les grecs anciens les deux morceaux d'une unique poterie attribués de manière conventionnelle aux ambassadeurs de cités alliées. Le rapprochement, l'assemblage des deux bouts qui séparément n'avaient qu'un sens partiel, permettait la reconnaissance de leur relation, révélait leur association. Les nuances de ses traductions sont riches : joindre, mettre ensemble, se rencontrer, échanger, mais aussi comparer, expliquer. La citation qui suit est de Gilbert SIMONDON, 1968. *Entretien sur la mécanologie.* Produit par l'Office National du Film du Canada, et conduit par Jean Le Moyne.

de la médiation, les usages actuels du numérique n'affichent pour le moment ni de mobiles ni de motifs aptes à rassurer psychiquement[141]. Au contraire intensifient-ils les angoisses des individus. En aplatissant tout être en coordonnées statistiques dont la signification n'a plus d'importance, en le réduisant à une fonction binaire, en négligeant de produire du sens commun à partir de domaines séparés, ils conduisent logiquement à la négation de la médiation qui seule possède l'aptitude d'inscrire ce qu'elle traite dans le corps social, et ainsi de faire culture. Pour redonner une épaisseur culturelle au numérique qui à la fois la redoute et la réclame, tiraillé entre ses usages liberticides et libertaires, la médiation est indispensable afin d'apporter une distance, une durée, une ouverture au symbolique par son intégration dans un système de représentations, une possibilité donc de prendre soin aussi de l'inquiétude constitutionnelle de l'Homme. Si l'objectif est effectivement celui-ci, le numérique ne pourra s'établir dans une confiance sociale s'il continue à traiter l'« être de la technique »[142] qu'est l'Homme comme un élément négligeable de son calcul, un aliment digérable pour son fonctionnement, un variable d'ajustement de ses équations. La présence du numérique oblige. Elle oblige la médiation culturelle des sciences - pour résister à son effacement – à renouveler avec le temps ses formes, à ouvrir ses propres catégories et poser la question du sens, à retrouver une vision plus large, un regard oblique sur les réseaux techniques qui rendent floues nos frontières mentales et géographiques, enfin à réaffirmer l'étendue des matières éthiques, relationnelles et symboliques, si elle souhaite faire advenir le numérique comme avenir d'une humanité.

Le numérique interroge toutefois un autre aspect des choses : l'approche culturelle des Hommes et du monde reste-t-elle aujourd'hui la plus pertinente pour comprendre notre environnement ? Ne devons-nous pas dépasser ce modèle de séparation et de comparaison des cultures issu de l'ethnologie et de l'anthropologie pour comprendre le message du numérique ? C'est peut-être bien dans la remise en débat de l'idée dominante de « culture » comme grille de lecture adéquate des individus et des sociétés contemporaines que le numérique apporterait justement du neuf dans la réflexion. Parce que la dynamique de réseau questionne la *structure* et le *fonctionnement* d'une collectivité mais aussi de chaque individu qui la compose, sa portée devient moins spécifiquement culturelle que généralement philosophique et politique.

141 Même si une sorte de culte lui est adressé implicitement à travers les communautés transhumanistes par exemple, ou que des tentatives relayées par la science fiction visent à le faire passer en tant que *matrice* pour une transcendance, une verticalité même effrayante à laquelle croire.

142 L'expression est de Bruno LATOUR, 2012. *Enquête sur les modes d'existence. Une anthropologie des Modernes*. Éditions La Découverte, Paris. Dans le chapitre « Rendre visibles les êtres de la technique », il rappelle : « ce fut le génie de Simondon d'avoir vu qu'on ne pouvait préciser le mode d'existence de l'être technique qu'en le *tirant* grâce à ceux de la magie, de la religion, de la science, de la philosophie » (p. 215).

Politique de la médiation

Dans le retour que nous avons fait aux sources du métier de médiateur scientifique, en particulier au tournant des années 1980, nous avons souligné que plusieurs idées tranchantes et ambitieuses alimentaient alors une dynamique qui semble nous manquer aujourd'hui pour renouveler la médiation scientifique au-delà d'une analyse factuelle vieillissante et d'un diagnostic situationnel paresseux, c'est-à-dire une vision nourrie, une intelligence large et des repères emblématiques, en somme un projet de société auquel puisse adhérer cette médiation. Le projet ne peut être celui excluant d'une société de la connaissance telle qu'elle est phagocytée à ce jour, ancrée dans le mythe inactuel et ethno-centré du progrès instrumental, sans lui adjoindre par-delà les discours opportunistes des préoccupations sociales et éthiques distinctes à travers lesquelles les questions scientifiques et techniques doivent aujourd'hui être systémiquement regardées.

Si la médiation scientifique est bien l'inscription sur le corps social d'une certaine idée des sciences et des techniques, son rôle est d'autant plus important que la place occupée par ces domaines dans nos quotidiens est décisive. La médiation n'a jamais eu autant de valeur qu'aujourd'hui. Toutefois, extraire la médiation scientifique de sa sieste dogmatique et routinière suppose de la décentrer d'elle-même, la sortir de l'entre-soi pour la placer dans l'entre-deux, la repositionner à la confluence des disciplines, à l'articulation des enjeux sociétaux, entre la technique et l'organisationnel, les sciences et la politique, la production des savoirs et de l'exercice du pouvoir. Cette médiation reste culturelle, c'est-à-dire qu'elle continue à faire usage de l'action culturelle pour toucher les publics, ainsi que des outils et des dispositifs de la culture prise dans son sens restreint. L'idée n'étant pas de faire table rase pour bâtir sur des ruines, mais bien de fabriquer et d'utiliser les supports quels qu'ils soient avec une conscience aiguisée, afin de favoriser certaines de ses dimensions relevées dans ce livre : une médiation humaine attentive aux processus contextualisés plus qu'aux résultats stati(sti) ques, privilégiant l'infusion durable d'une sensibilité scientifique éclairée à la diffusion massive de connaissances, pivot de relations qui – sans sa plus-value combinatoire pratique, éthique et symbolique – ne sauraient se tisser avec justesse au profit de la société. La mondialisation des échanges accélérée par les réseaux techniques rend toutefois la question culturelle caduque pour penser le monde contemporain. Certes, les singularités des cultures existent et méritent d'être estimées, mais qu'une certaine jeunesse urbaine dépossédée sud-américaine, pour définir son identité, revendique aujourd'hui l'ascendance d'une série télévisée accessible sur internet, réalisée en Afrique du Sud et financée par des producteurs venus d'Egypte, d'Angleterre et d'Amérique du Nord, montre que nous avons effectivement changé de perspective, devenue pour le moins transculturelle. La médiation prend acte et s'ouvre à cet environnement aux frontières flottantes, dont le numérique n'est qu'une facette qui ne peut s'aborder et être résolue pour elle-même, comme science, technique et industrie, sans la traiter conjointement à ses aspects moraux, sociaux et (géo)politiques. La technologie sur laquelle s'appuie la globalisation doit faire l'objet d'une vigilance, non dans le sens d'une épuration technique stérile voire indésirable, non pour s'en plaindre en remplaçant le chant du progrès au chantage à la catastrophe, mais pour la réfléchir et éclaircir ce qu'elle ouvre et permet, tout en restant lucide sur les aspects négatifs potentiels de toute production humaine si elle est tordue et manipulée.

Assumant son caractère généraliste capable de s'appuyer sur des expertises sans en être asservie, la médiation scientifique, libérée de l'idéologie scientiste qui la hantait, ne peut gagner sa présente légitimité qu'en montrant son impact effectif et affectif dans la collectivité. Car non seulement elle garde un intérêt, mais elle devient un rouage majeur dont notre société en transformation rapide ne saurait se passer sans chavirer, si les intentions que cette dernière proclame dans ses politiques publiques correspondent bien à ses objectifs discrets. Cela entraîne selon nous des conséquences positives. Si les acteurs de la médiation scientifique veulent s'occuper d'innovation, il s'agit d'abord et avant tout d'innovation sociale, leur juste terrain de prédilection. En effet les prétendants au champ de la culture scientifique sont de plus en plus nombreux, toutefois seuls les médiateurs scientifiques ont pour préoccupation principale tous les publics, et parmi eux les plus distants. Ni l'Université, ni l'Entreprise, ni le monde économique, médiatique ou même artistique n'a pour objectif le secteur social dans leur traitement des sciences et des techniques. Nous renversons ainsi ce que nous avions annoncé dans le chapitre introductif où la CSTI était présentée comme le volet opérationnel de la médiation scientifique. Cette dernière devient désormais une aile du grand domaine de la culture scientifique, technique et industrielle, dont le projet singulier est l'inclusion des publics dans une dynamique sociétale en relation avec les sciences et les techniques. Les agents historiques de la culture scientifique restent donc généralement légitimes en la matière car ils ciblent d'abord et avant tout les publics dans leur diversité en revendiquant, pour ceux qui l'acceptent encore, la médiation comme une compétence et un gage d'indépendance. Une indépendance qui fait de la médiation scientifique non un champ d'application des injonctions politiques[143], mais un terrain d'expérimentation pour de nouveaux modèles d'intégration des

143 Une CSTI nouvelle génération ne pourra exister sans penser ces questions en s'éloignant d'une vision molle résumée dans un texte cadre finalement non diffusé par la Conférence nationale des centres de sciences : « Les centres de sciences s'inscrivent dans le droit fil des politiques publiques élaborées au cours des trente dernières années pour rapprocher les sciences des publics et développer une citoyenneté active face aux enjeux scientifiques contemporains ». Nous savons que la bataille ne porte pas en l'occurrence sur les termes employés par tous et généralement assez semblables : il est question de valoriser la découverte (connaître et comprendre), les enjeux (interroger et interpréter), le débat (réfléchir et discuter), l'action (créer et faire faire). Toutefois ce que chacun engage derrière les termes est dissemblable, quant il ne les intègre pas simplement comme des données irréfléchies.

sciences dans la société, et d'association de la société aux sciences, dont il lui appartient d'inventer modèles et modalités. Là particulièrement, dans le passage d'une vie culturelle préservée à une culture vivante partagée, elle a non seulement un rôle à jouer, mais une direction à (se) donner, une «authenticité» à reconquérir. Sur le plan social, elle peut, contrairement à ce qu'elle croit encore en se cantonnant dans la simple diffusion culturelle, évoluer et prendre toute sa place, une place qu'elle a déjà théorisée d'une certaine manière mais peu appliquée. La médiation scientifique soutenue majoritairement par les subventions publiques a plutôt été jusqu'alors au service de la science, dans la lignée de la vulgarisation puis dans sa mise en culture, en acceptant d'être son miroir réfléchissant, en l'aidant dans son ancrage et son acceptabilité dans la société. Elle se doit de produire le même effort vis-à-vis de la société. Ce ne sont donc pas seulement les sciences, les techniques ou l'industrie qui sont au cœur de ses recherches et de ses productions, mais d'abord et avant tout l'humain en société, les femmes et les hommes vivants sur un territoire (habitants, adolescents, salariés, entrepreneurs, chercheurs, ingénieurs, techniciens, enseignants, élus, créatifs...). En tissant du réseau humain sur le terrain local en complément du réseau technologique s'étendant à l'échelle globale, la médiation entre les sciences et les publics partenaires prend alors tout son sens et atteint son plein potentiel[144].

Comme nous l'avons signalé, parce que la médiation permet l'individuation d'un individu dans et par le collectif, plus la personne est à distance du mouvement de cette société, plus la médiation devient importante. D'où une certaine priorité à accorder aux déclassés, à une politique de la médiation inclusive des publics les plus éloignés dans des processus à caractère scientifique et proposant un modèle de société autre, fondé non sur la seule appropriation des technologies dans un objectif normalisateur d'adhésion à une trajectoire au demeurant discutable, mais sur des valeurs que les sciences et les techniques contiennent également et peuvent porter. Ainsi, si ces dernières ont pu être la caution d'idéologies parfois nauséabondes, leur instrumentalisation masque leur capacité à accueillir la nouveauté, le différent, le mérite, la passion, l'excellence quelle que soit sa provenance sociale ou géographique. En France où les sciences sont aussi affaire d'argent public, la question sociale rencontre celle de l'ascenseur social. La fermeture de la société française aux forces vives de tous horizons, contrairement à ce qui eut lieu au début du XXe siècle ou après la seconde guerre mondiale notamment, a des

144 Des projets de médiation scientifique explorent cette direction : ainsi la création d'un *fab lab* dans la Maison des Associations à Rennes, et non dans un espace institutionnel habituel ; l'association des services d'insertion sociale de la collectivité à l'élaboration programmatique du nouveau centre de sciences crée à Caen (la MRI : Maison de la Recherche et de l'Imagination), où l'espace de médiation côtoiera dans un lieu de vie expérimental et partenarial (dans l'esprit *living lab*) des créatifs, des entreprises innovantes ou des laboratoires de recherche ; l'opération *Sciences communes* portée par le CCSTI Saint-Etienne & Loire où l'équipe de médiation monte un événement de culture scientifique en coopération avec une collectivité rurale ou semi-rurale et ses acteurs locaux, en s'appuyant sur les attentes, la dynamique et les enjeux de ce territoire, et expérimente à cette occasion des mises en pratique d'un développement conjoint des sciences et de la société.

conséquences absolument désastreuses. Si les femmes arrivent difficilement à se forger une place dans les hautes sphères de la société, le parcours demeure celui du combattant pour les enfants défavorisés, en particulier issus de l'immigration comme on les nomme. Cette problématique très vaste, née d'une situation postcoloniale ou néocoloniale ni assumée, ni traitée, impacte moralement toute la société. Qu'un(e) jeune diplômé(e), du fait de son origine sociale ou ethnique, pense qu'il/elle n'a pas sa place dans cette société en dit long sur les difficultés de cette dernière à reconnaître et aimer ses enfants. Ce qui conduit non seulement à cristalliser des ressentiments et des haines, à radicaliser les plus fragiles et aussi les plus intelligents, mais également à se couper des belles énergies rénovatrices qui permettent de maintenir une société dans un élan productif. L'ostracisme réservé à une partie importante de la société ne peut manquer de la toucher toute entière à moyen terme. La place des exclus dans la dynamique sociétale doit de nouveau prévaloir, à travers l'accès aux hautes études, à des fonctions de responsabilités, avec le soutien d'une nouvelle médiation œuvrant à refaire des sciences un facteur d'inclusion sociale.

Cette ouverture à toutes les énergies exige une décolonisation des concepts sur lesquels la CSTI repose, et une position transculturelle. De manière complémentaire, la médiation ne peut se cantonner à l'indignation face aux obscurantismes, mais gagne à s'élever contre le risque de démocraties totalitaires[145] ou de Républiques élitistes ou monarchiques détournant, au profit de quelques uns, les sciences et les technologies de l'information et de la communication. La réflexion sur un nouveau modèle de société, qui comprend les dimensions scientifiques et techniques, y compris numériques, avec leurs potentiels comme leurs écueils, appartient pleinement au champ prospectif de la médiation scientifique dans le cadre de partenariats élargis. Des initiatives exemplaires existent à différentes échelles, dont celle lancée avec ampleur par le gouvernement de l'Equateur sous le nom de *FLOK Society*[146], et qui développe concrètement l'idée d'une société non plus basée sur le profit et la spéculation, mais sur une macro-économie contributive plus horizontale et un processus dynamique de valorisation des savoirs et des capacités. Ce programme généreux a pour ambition de faire enfin naître non seulement une vie culturelle mais une culture vivante à partir de la technologie numérique collaborative, mêlant *hackers*, chercheurs du monde entier[147], médiateurs

145 L'expression est de Bertrand de JOUVENEL, 1945, *Du pouvoir.* Éditions Hachette «Pluriel», Paris 1994.

146 Projet de recherche pour la transition vers une société de la connaissance libre et ouverte en Équateur : http://floksociety.org/. Bernard Stiegler et l'association Ars Industrialis travaillent aussi en ce sens.

147 Le belge Michel Bauwens, activiste du pair-à-pair et créateur de la fondation P2P, est un des nombreux chercheurs - contributeurs invité par l'Equateur à élaborer cette démarche. La technologie du pair-à-pair (*peer-to-peer* en anglais) est un modèle de réseau informatique où chaque client devient aussi serveur en partageant avec qui le souhaite les fichiers dont il dispose, et pouvant télécharger les contenus d'autres ordinateurs pour peu qu'ils soient tenus en libre accès. Les implications sociétales

et communautés indigènes autour du partage des savoirs sur la base du bien vivre, et propose sur le papier une connaissance conçue comme un bien commun qui ne soit pas réservée aux locataires privilégiés de quartiers créatifs gentrifiés. Ces expérimentations s'inscrivent en prolongement de l'esprit des défenseurs du logiciel libre et de sa philosophie pirate, où les utilisateurs ont la possibilité « d'exécuter, copier, distribuer, étudier, modifier et améliorer des logiciels » qui échappent ainsi à la propriété[148]. Elles ajoutent toutefois la volonté, pour vivre autrement, de s'organiser autrement, et mériteront sans doute un suivi et une certaine attention quant aux résultats concrets à venir. De tels projets qui se multiplient rappellent si besoin était que l'idée d'innovation sociale n'est pas antinomique avec l'innovation scientifique et technique : seul le prisme à travers lequel nous regardons change. L'usage collectif des technologies, dont ne dépend pas exclusivement l'évolution d'une collectivité, et leur encadrement politique déterminent leurs fonctions dans la société. Elles ont par ailleurs des conséquences qu'il s'agit d'imaginer, d'anticiper, d'examiner du point de vue sociétal et culturel, sans visée uniquement commerciale. Ainsi l'arrivée des nouvelles technologies dans le monde du travail, renforcée demain par celle de l'intelligence artificielle, bouleverse le marché de l'emploi. Comme pour les changements climatiques, il convient de les comprendre et de s'y préparer en tant que citoyen. Alors que les machines ont soulagé le travail physique de l'Homme, et réduit les emplois en conséquence, celles qui s'annoncent vont le soulager de son effort intellectuel, bouleversant l'environnement du salariat tel qu'il s'est constitué dans les économies tertiaires, libérant massivement du temps. Que pouvons-nous inventer dans une telle configuration pour qu'elle reste humainement vivable ? Quels potentiels cette situation ouvre-t-elle, qui ne se limitent pas à la perte massive des emplois et à l'obsolescence de l'homme ? « La question, aujourd'hui, est : comment va-t-on redistribuer du temps de loisir pour produire des *communs*, c'est-à-dire un droit à produire de l'intelligence collective en utilisant les technologies ? »[149] , interroge Bernard Stiegler. Il serait ainsi judicieux que les actions innovantes développées aujourd'hui par les acteurs de la médiation scientifique s'emparent entre autres de ces questions, en tenant compte de leur impact sur le tissu social, certes difficile à évaluer.

L'Institut Jean-Baptiste Godin en Picardie, centre de transfert en pratiques solidaires et innovation sociale, a développé avec des partenaires canadiens un outil d'appréciation de l'innovation sociale, soulignant le fait que nous la produisons toujours à plusieurs (les collectivités comme les entreprises participant à cette

---

de cette pratique du partage et de la coopération sont nombreuses, surtout connues par la négative car elles entraînent des litiges économiques notables. Ces problématiques peuvent cacher aussi des (ré)solutions : c'est du moins ainsi que les présente Michel Bauwens, appelé à les tester en Equateur.

148 http://www.gnu.org/philosophy/free-sw.fr.html

149 Antoinette ROUVROY et Bernard STIEGLER, 2015. « Le régime de vérité numérique », rencontre. In *Socio* n°4 « Le tournant numérique,... et après ? ». Dana Diminescu, Michel Wieviorka (dir.). Les éditions de la Maison des Sciences de l'Homme, Paris 2015, p. 134.

production) sous la forme de ruptures contextualisées plutôt que de nouveautés. L'originalité de la méthode est d'établir une grille d'évaluation selon des marqueurs pertinents, plutôt que des indicateurs, avec chacun un poids identique et dotés d'une échelle de grandeur permettant d'apprécier qualitativement la mise en pratique d'actions collectives comme celles proposées par la médiation scientifique, à fort potentiel d'innovation sociale ou de néguentropie[150] pour les territoires. Ainsi sont estimées la place des bénéficiaires (les bénéficiaires sont-ils exclus ou inclus dans la coproduction ou de la co-construction? à quel moment? voire sont-ils mêmes les porteurs du projet?), la nature du collectif et son mode d'intervention, la place de la recherche, l'ancrage territorial, la gouvernance, les ressources à disposition, la logique d'accessibilité, la logique de service, la rupture avec l'existant, la capacité de changement social. Revendiquant une approche institutionnaliste validée axée sur le processus et non la finalité, recommandant une instruction collective des projets sur la base d'une grille d'analyse synthétique permettant de recueillir les données qualitatives dans une représentation graphique des pratiques porteuses d'innovation sociale, l'outil nommé AMI favorise des projets concertés entre spécialistes du montage culturel de projets et les bénéficiaires. Testé en Picardie, il a été formalisé afin de pouvoir être transféré à toutes les collectivités et structures qui en feraient la demande[151]. Cet outil appelle toutefois une véritable évolution des mentalités, car l'innovation sociale requiert dans la coopération une largesse d'esprit, en raison de la porosité des barrières entre experts et publics qu'elle induit, et la remise en question de la notion de propriété, en particulier de propriété intellectuelle. Cette évolution suppose d'admettre dans le réel que l'intelligence est d'abord et avant tout collective. S'il est très rare qu'une idée émerge seule quelque part (sa conception est le plus souvent le fruit d'influences multiples qui irriguent une pensée), il est nécessaire de faire un pas supplémentaire pour accepter que l'idée appartient finalement à tout le monde, que la plus-value ne se situe pas à ce niveau. La difficulté n'est pas d'avoir une idée, n'en déplaise à certains, mais elle est dans la capacité de la mettre en œuvre, car il faut à la fois une envie de la réaliser, sensibilité qui n'est pas présente en chaque individu, mais également un environnement favorable qui permet sa concrétisation. C'est là qu'interviennent le réseau, les moyens financiers, les partenaires ou le collectif ; là où se font la différence et l'inégalité dans la société entre ceux qui ont des conditions favorables ou l'appui d'entourages et les autres ; là encore où la médiation peut jouer un rôle parfaitement déterminant.

La réalisation d'une idée comprend le portage par une ou des volontés et son déploiement dans un contexte accueillant. La médiation peut cultiver ces milieux où incubent des initiatives qui ne bénéficient pas déjà d'une écoute favorable.

150 Concept initialement proposé par le physicien Erwin SCHRÖDINGER en 1944, désignant depuis un facteur d'organisation ou de structuration de systèmes vivants, physiques, sociaux ou humains, qui ont naturellement tendance à la désorganisation. In *Qu'est-ce que la vie ? Éditions du* Seuil, Paris 1993.

151 Voir le site www.institutgodin.fr

Créer un environnement à l'innovation ouverte scientifique et technique est donc bien une question éminemment sociale et politique, et l'ouvrir à ceux qui n'y ont pas d'emblée accès de par leur situation, un devoir de la médiation scientifique. Qui d'autre peut proposer à tous la création d'un espace de dialogue et de co-création dans ces domaines souvent réservés ? D'où l'attention portée à l'inclusion des publics par le soutien à des projets qui ne sont pas ceux des professionnels, où les outils de la médiation (souvent efficaces mais sous-utilisés puis jetés pour se consacrer à la recherche de nouvelles subventions) peuvent être mis à la disposition des publics. En ce sens, le renversement du rapport entre une politique culturelle de l'offre vers celle de la demande, en proposant un *bottom up* enfin assumé, est une piste attachante qui passe effectivement par de la prospection, du repérage, de l'écoute, de la disponibilité, de la mise en relation, de la traduction, de la réalisation, bref de la médiation. Cette tâche n'est pas aisée car elle demande d'abord et avant tout des ressources humaines, et donc une créance des politiques aux acteurs de la médiation sur des enjeux assainis et conciliés. Investir dans de grandioses expositions animées *a minima* dans des lieux fermés de diffusion des sciences et des techniques, certes utiles mais réservées aux cohortes de scolaires ou de consommateurs culturels, ne suffit donc pas. Il importe de déployer sur le terrain des médiateurs formés qui fabriquent des projets transversaux mettant en relation des mondes et des personnes qui apprennent à se redécouvrir dans la proximité et la durée. C'est à ce prix que les centres de sciences deviendront des développeurs sociaux puis économiques locaux de leurs territoires. Et pour y parvenir, ils ont de nombreux atouts en main : au fil des années, dotés d'un certain capital confiance auprès des publics, ils ont développé des capacités à travailler avec toutes sortes de partenaires : de la recherche publique et privée au monde de l'entreprise, de l'économie créative à l'éducation, de la culture au social. Les centres de sciences et leurs équipes sont aujourd'hui des structures à la fois parfaitement intégrées au paysage culturel français auquel, par leurs spécificités, ils apportent une dynamique incontournable pour emprunter des voies de traverses que l'époque appelle, aborder les problématiques sociales que soulèvent les sciences, forger une société d'innovation ouverte porteuse d'un développement durable scientifique, technologique et entrepreneuriale. A leur charge de trouver leur place adéquate, en pensant la transdisciplinarité, la relation, l'éthique, le collectif aujourd'hui, pour que les intentions ne restent pas lettre morte, mais se transforment en actions concrètes et efficientes.

Plusieurs besoins émergent de ces considérations pour appréhender les enjeux contemporains de la relation Science – Société. Un besoin des médiateurs scientifiques, dont le métier est fragilisé et qui désirent évoluer afin de réaffirmer une confiance en leur rôle inventif à part entière en testant de nouvelles méthodologies de travail, mais aussi en portant un regard oblique et critique sur leurs dispositifs, *process* et outils. Ceci afin de répondre plus efficacement au besoin des collectivités qui espèrent des acteurs de terrain subventionnés une coordination et un impact maximisés sur les territoires et leurs habitants, en particulier dans le cadre de politiques de la ville favorisant l'égalité des chances ; mais également au besoin des habitants qui aspirent à être entendus dans les applications sociétales des sciences et des techniques, et parfois à accéder à des outils innovants mais concrets, souvent destinés à des publics privilégiés. Le repérage, la prise en compte, l'émergence et l'accompagnement d'idées issues de la société civile restent un enjeu fondamental au cœur de l'élaboration d'un nouveau *pacte social*, un *serment commun*, où chacun pourra se sentir impliqué. Cela nécessite un changement de représentations et de mentalité à plusieurs niveaux qui ne repose pas sur la seule médiation scientifique, mais dont l'initiative peut lui revenir car elle est idéalement placée à la confluence des disciplines pour oser des questions, poser des actions et proposer des expérimentations transversales dans l'espace politique public. Pour atteindre cet objectif, il importe de maintenir des formations sur une large échelle[152]. Une formation des équipes de médiation culturelle et scientifique aux méthodes de créativité qui s'appuient sur un travail ouvert et transdisciplinaire, rendant apte à provoquer des connections, fabriquer des liens et animer des rencontres. Cette médiation plus profonde avec une perception aiguisée d'elle-même est la clé du renouvellement participatif du dialogue entre les sciences et la société. C'est aux opérateurs de la médiation d'exiger pour eux la réforme de leur positionnement au cœur de la cité, indispensable à la pratique éthique et l'exercice en conscience de leur profession, afin de faire de la culture scientifique et technique un vecteur de valorisation et d'innovation sociale, pas seulement un creuset pour de nouvelles inégalités. L'évolution du métier de médiateur, mettant en avant et questionnant ses capacités créatives et d'animation territoriale, passe par une ouverture culturelle plus vaste au sein des équipes, mais aussi par une conscientisation du rôle - c'est-à-dire une politisation du regard - du médiateur. Cette formation politique n'est pas une formation à la politique, mais son articulation avec elle, et va de pair avec une formation des acteurs politiques eux-mêmes, lesquels reconnaissent souvent une méconnaissance du champ. Les questions scientifiques et techniques restent ainsi généralement et parfois volontairement ignorées ou sous-évaluées par les décideurs, malgré les recommandations de ceux en charge de ces dossiers. Cette (in)décision politique mérite certes d'être alimentée par les scientifiques et les industriels, mise en débat par la médiation, mais également nourrie par les citoyens, dont le besoin de formation reste conséquent mais envisageable[153]. Cette fabrique collective du monde

152 Nous n'oublions pas, sans l'indiquer dans ce paragraphe, l'importance des formations initiales et supérieures, de la sensibilisation aux sciences dès le plus jeune âge à la formation humaniste des ingénieurs en complément de leur formation scientifique d'excellence.

153 Le projet des *Conventions de Citoyens*, défendu par la Fondation Sciences Citoyennes et Jacques Testart, s'est attaqué à la difficulté de former le grand public aux enjeux scientifiques et techniques. Inspiré d'un dispositif établi par le gouvernement danois, la *Convention de Citoyens* est une procédure de participation d'un panel tiré au sort, qui sur plusieurs semaines sera formé auprès d'experts sélectionnés par consensus par un comité de pilotage. La méthode « repose sur la certitude qu'un

complexe qui vient, à partir de valeurs d'intérêt général, est un dessein primordial dont l'élaboration expérimentale voire utopique est une fonction contemporaine d'une médiation scientifique adéquate, féconde et mobilisée dans la société. Elle s'affirme en complément des actions concrètes mettant en culture et en débat les enjeux, la démarche et les apports de sciences et de techniques en évolution permanente, dont les principes, les méthodes, le statut des résultats et les métiers très divers qu'elles offrent, largement méconnus, méritent toujours et encore d'être valorisés.

Nous avons tenté au long de cet ouvrage, loin de toute analyse critique des actions de culture scientifique, de mettre à jour quelques fondamentaux politiques, éthiques et symboliques de la médiation [scientifique] afin de mieux redéfinir sa situation. Avec la conviction que sa réviviscence passe par une prise de conscience de ce qu'elle demeure, devient et véhicule, lui permettant dès lors d'aborder ses fonctions et ses instruments avec un regard plus moderne et percutant. La médiation scientifique, au-delà des dispositifs consistants qu'elle met en œuvre, est aussi une fabrique de valeurs et un domaine de réflexivité[154]. Culturelle dans ses outils et politique dans sa vision, elle doit s'autoriser à contribuer plus vigoureusement à une dynamique qui, par ses pratiques et réflexions clarifiées, soutient un véritable projet de société où les sciences et les techniques sont à la fois pensées, expérimentées, mises en perspectives et en représentations au bénéfice de la société. Cette fonction sociale justifie son actualité et son plein rayonnement.

Et si nous avons abordé en généraliste les nombreuses références invitées dans ses pages, certes hétérogènes mais qui entrent en résonnance mutuelle lorsqu'elles sont approchées ; si nous avons confrontés des auteurs venus d'horizons bigarrés pour souligner leur correspondance ; si nous avons usé d'associations, de métaphores et de symboles toujours fructueux à nos yeux, c'est pour figurer une autre médiation scientifique, de celle qui tient ensemble des éléments disparates afin de faire jaillir de nouvelles idées, ne fuit plus sa capacité à penser, crée de nouvelles puissances d'agir par l'articulation des disciplines avec lesquelles elle entre en relation. Ceci afin de développer non seulement sa « technique artisanale qui vise à faire un seul bloc avec plusieurs », mais son véritable art, l'art de l'assemblage.

---

groupe de citoyens tirés au sort est capable d'appréhender tout sujet, quelque soit sa complexité, en se dégageant des seuls enjeux locaux et immédiats, pour proposer des solutions en rapport direct avec les besoins de la société mais souvent ignorées par les spécialistes et rarement entendues par les instances politiques ». Au terme de ce travail, les citoyens interviennent et rendent un avis qui remonte ensuite à la sphère décisionnaire. Reste alors à la charge de cette dernière de prendre ses responsabilités en tenant compte de cet avis (voir http://sciencescitoyennes.org).

154 Si le scientifique, comme l'énonce Baudouin Jurdant, a besoin d'oraliser la science en la vulgarisant, dans le but de mieux la comprendre, à l'inverse, le médiateur, souvent dans l'oralité, gagnerait à prendre le temps d'écrire pour mieux saisir ce qui se joue dans sa médiation. Ce livre va également dans cette direction.

Éléments de bibliographie

Ouvrages

AMSELLE Jean-Loup, 2001. *Branchements. Anthropologie de l'universalité des cultures.* Éditions Flammarion « Champs », Paris.

ANDERS Günther, 1956. *L'Obsolescence de l'homme.* Tome 1, *Sur l'âme à l'époque de la deuxième révolution industrielle.* Éditions Ivréa et Éditions de l'Encyclopédie des Nuisances, Paris 2002.

ANTONELLI Paola (dir.), Hugh ALDERSEY-WILLIAMS, Peter HALL, Ted SARGENT, 2008. *Design and the elastic mind.* The Museum of Modern Art, New-York.

AUGÉ Marc, 2010. *La communauté illusoire.* Éditions Payot & Rivages, Paris.

BERTALANFFY Ludwig von, 1967. *Des robots, des esprits et des hommes. La psychologie dans le monde moderne.* Editions ESF, Paris 1982.

BERESTETSKY Alain, 2009. *Petit (im)précis de culture scientifique.* Éditions l'Harmattan, Paris.

BIDIMA Jean-Godefroy, 1997. *La palabre, une juridiction de la parole.* Éditions Michalon « Le bien commun », Paris.

BILLETER Jean-François, 2014. *Lichtenberg.* Éditions Allia, Paris.

BITBOL Michel (dir.), 2009. *Théorie quantique et sciences humaines.* CNRS Éditions, Paris.

BONNEUIL Christophe, FRESSOZ Jean-Baptiste, 2013. *L'Evénement Anthropocène. La Terre, l'histoire et nous.* Éditions du Seuil, Paris.

BURKE Edmund, 1790. *Réflexions sur la Révolution de France.* Éditions Hachette, Paris 2004.

CHAUMIER Serge et MAIRESSE François, 2013. *La médiation culturelle.* Éditions Armand Colin « U, Sciences humaines et sociales », Paris.

COLLECTIF, 2014. *Hier pour demain : une mémoire de la culture scientifique, technique et industrielle.* Éditions l'Harmattan, Paris.

COLLECTIF, 2014. *Une mémoire pour demain : 30 ans de culture scientifique, technique et industrielle en France.* Éditions l'Harmattan, Paris.

COMTE Auguste, 1830-1842. *Cours de philosophie positive*, in *Philosophie des sciences*, textes choisis. Presses universitaires de France, Paris 1974.

CONDORCET, 1781. *Réflexions sur l'esclavage des nègres.* Éditions Flammarion, Paris 2009.

DEBRAY Régis, 1994. *Manifestes médiologiques.* Éditions Gallimard, Paris.

DÉTIENNE Marcel et VERNANT Jean-Pierre, 1974. *Les ruses de l'intelligence. La mètis des Grecs.* Éditions Flammarion « champs », Paris 1978.

DICK Philip K., 1957. *L'homme variable*, suivi de *Deuxième variété* et *Rapport minoritaire.* Éditions Librairie des Champs Elysées « Le Masque – Science-fiction », Paris 1975.

DOUIEHI Milad, 2008 et 2011. *La grande conversion numérique* et *Pour un humanisme numérique.* Éditions du Seuil, Paris.

ELLUL Jacques, 1954. *La Technique ou l'Enjeu du siècle.* Éditions Armand Colin « sciences politiques », Paris.

ERHENBERG Alain, 1998. *La fatigue d'être soi. Dépression et société.* Éditions Odile Jacob, Paris.

ERIKSON Erik (1902-1994). *Adolescence et crise. La quête de l'identité.* Éditions Flammarion « Champs Sciences », Paris 1994.

FAROUKI Nayla et CHICOINEAU Laurent, 2010. *La science en public.* Presses universitaires de Grenoble.

GLISSANT Édouard, 2009. *Philosophie de la relation, poésie en étendue.* Éditions Gallimard, Paris.

HEISENBERG Werner, 1942. *Le manuscrit de 1942.* Éditions Allia, Paris 2003.

HUGO Victor, 1876. *Actes et paroles*, tome 3, *Depuis l'exil.* In *Œuvres complètes*, Éditions Laffont « Bouquins », 1985.

JACQUES Jean et RAICHVARG Daniel, 1991. *Savants et ignorants. Une histoire de la vulgarisation des sciences.* Éditions du Seuil, Paris.

JAUBERT Alain et LÉVY-LEBLOND Jean-Marc (dir.), 1973. *(Auto)-critique de la science.* Éditions du Seuil, Paris.

JONAS Hans, 1979. *Le principe responsabilité. Une éthique pour la civilisation technologique.* Éditions Flammarion « Champs », Paris 2013.

JOUVENEL Bertrand de, 1945. *Du pouvoir.* Éditions Hachette « Pluriel», Paris 1994.

JUNG Carl Gustav, 1933. *Dialectique du Moi et de l'inconscient.* Éditions Gallimard « Folio essais », Paris 2001.

LAMIZET Bernard, 1999. *La médiation culturelle.* Éditions l'Harmattan, Paris.

LATOUR Bruno, 1991. *Nous n'avons jamais été modernes.* Éditions La Découverte, Paris.

LATOUR Bruno, 2012. *Enquête sur les modes d'existence. Une anthropologie des Modernes.* Éditions La Découverte, Paris.

LEMIEUX Pierre, 1998. *L'arnacho-capitalisme.* Presses Universitaires de France « Que sais-je ? », Paris.

LEVY-LEBLOND Jean-Marc, 1986. *Mettre la science en culture*, Éditions Anais, Nice.

ORWELL Georges, 1949. *1984.* Éditions Gallimard « folio », Paris 1972.

MAURY Jean-Pierre, 1994. *Le palais de la découverte.* Éditions Gallimard « découvertes », Paris.

PLATON (428 – 348 av JC). *Œuvres complètes.* Société d'Édition « Les Belles Lettres », Paris 1984.

RAICHVARG Daniel, 2005. *Sciences pour tous.* Éditions Gallimard « découvertes », Paris.

RANCIÈRE Jacques, 1987. *Le maître ignorant : cinq leçons sur l'émancipation intellectuelle.* Éditions Fayard, Paris.

SCHNAPPER Dominique, 1994. *La communauté des citoyens.* Éditions Gallimard, Paris.

SCHRÖDINGER Erwin, 1944. *Qu'est-ce que la vie ?* Éditions du Seuil, Paris 1993.

SEMPRUN Jaime, 1997. *L'abîme se repeuple.* Éditions de l'Encyclopédie des Nuisances, Paris.

SERRES Michel, 1969 – 1980. *Hermès* I à V (*La communication, L'interférence, La traduction, La distribution, Le passage du Nord-Ouest*). Éditions de Minuit, Paris.

SIMONDON Gilbert, 1958. *Du mode d'existence des objets techniques.* Éditions Aubier, Paris 2012.

SIMONDON Gilbert, 1989. *L'individuation psychique et collective.* Éditions Aubier, Paris 2007.

SLOTERDIJK Peter, 2009. *Tu dois changer ta vie.* Libella-Maren Sell Éditions, Paris 2011.

VALERA Francisco J., 1989. *Autonomie et connaissance. Essai sur le vivant.* Éditions du Seuil, Paris.

WICHT Bernard, 2013. *Europe Mad Max demain ? Retour à la défense citoyenne.* Éditions Favre, Lausanne.

WIREDU Kwasi, 1996. *Cultural Universals and Particulars : An African Perspective.* Indiana University Press, Bloomington.

Mémoires / Thèses

JOURNAUX Caroline, 2009. *Design et Science, de l'image à l'expérience.* Mémoire de fin d'études rédigé sous la direction de Thierry de Beaumont. ENSCI - les Ateliers, Paris.

JURDANT Baudouin, 1973. *Les problèmes théoriques de la vulgarisation scientifique.* Thèse de Doctorat de Troisième Cycle en Psychologie, département de Sciences du comportement et de l'environnement, Université Louis Pasteur de Strasbourg. Archives contemporaines Éditions, 2009.

Rapports

CHICOINEAU Laurent, 2015. *Partager les cultures scientifique, technique et industrielle à l'ère numérique. États des lieux et recommandations.* Rapport de mission demandé par le Ministère de l'Éducation Nationale, de l'Enseignement Supérieur et de la Recherche. À paraître.

COMITÉ CONSULTATIF NATIONAL D'ÉTHIQUE pour les sciences de la vie et de la santé, 2012. Rapport annuel «Éthique et recherche biomédicale». La documentation française, Paris 2013.

COMITÉ CONSULTATIF NATIONAL D'ÉTHIQUE pour les sciences de la vie et de la santé, 2014. Rapport du CCNE sur «Le débat public concernant la fin de vie». www.ccne-ethique.fr

CONSEIL EUROPEEN DE LISBONNE. 23 et 24 mars 2000. «Conclusions de la Présidence». Consultable sur le site www.europarl.europa.eu/summits/lis1_fr.htm.

CONSEIL NATIONAL DU NUMERIQUE, 2014. *Jules Ferry 3.0. Bâtir une école créative et juste dans un monde numérique.* http://www.cnnumerique.fr/wp-content/uploads/2014/10/Rapport_CNNum_Education_oct14.pdf

COUTELLEC Léo, 2014. *Les paysages de l'éthique.* Rapport sur la place et le rôle de l'éthique au sein de l'Université de Lyon. Éditions de l'Université de Lyon.

OLIVIER Maud et LELEUX Jean-Pierre, 2012. *Faire connaître et partager les cultures scientifique, technique et industrielle : un impératif.* Les rapports de l'OPECST, Éditions de l'Assemblée Nationale, Paris.

THE STATE OF THE NEWS MEDIA, 2008. Rapport annuel sur les médias nord-américains. www.stateofthemedia.org/2008/

Conférences

BITBOL Michel, décembre 2009. «Comment la physique quantique révolutionne notre vision du monde», conférence donnée aux Rencontres de l'Hôtel de Ville à Saint-Étienne. Elle peut être écoutée à cette adresse : http://www.r2sciences42.com/Michel-Bitbol-la-philosophie-de-la

JURDANT Baudouin, mars 2009. «Communication scientifique et réflexivité», conférence donnée dans un cycle intitulé "La vulgarisation scientifique: une mode? une nécessité? une illusion?" et proposé par l'Université de Lyon. *Espaces réflexifs* [carnet de recherche] 2012. http://reflexivites.hypotheses.org/695

Articles / Entretiens

AKRICH Madeleine, 1993. «Technique et médiation». In: *Réseaux, Communication - Technologie - Société*, volume 11 n°60, 1993/4, *Les médiations*. Éditions de la Découverte, Paris, pp. 87-98.

AMSELLE Jean-Loup, 2015. «Penser avec l'Afrique. Penser contre l'Afrique (des post-coloniaux)», entretien avec Arnaud Zohou. Revue *De(s)générations* n°23, *Prévoir avec l'Afrique, agir dans le monde qui vient.* Jean-Pierre Hughet Éditeur, Saint-Julien Molin-Molette, mai 2015.

BAILLY Jean-Christophe, 2014. «Le grand mesurement du monde», in *Le monde sur une feuille. Les tableaux comparatifs de montagnes et de fleuves dans les atlas du XIXe siècle.* Éditions Fage, Lyon.

BORDEAUX Marie-Christine, 2008. «La Médiation culturelle en France, conditions d'émergences, enjeux politiques et théoriques», in *Colloque international sur la médiation culturelle*, Montréal.

CHAKRABARTY Dipesh, 2009. «Le climat de l'histoire: quatre thèses», traduction parue dans *La revue internationale des livres et des idées* n°15, Éditions Amsterdam, Paris, janvier-février 2010.

CHÂTELET Gilles (dir.), 1994. Actes du Colloque «Gilbert Simondon. Une pensée de l'individuation et de la technique». Bibliothèque du Collège international de philosophie, Éditions Albin Michel, Paris.

DEBRAY Régis, 2009. «Êtes-vous démocrate ou républicain?». *Le Nouvel Observateur*, 30 novembre-6 décembre 1995, pp. 115-121.

DIAGNE Souleymane Bachir, 2014. «Du mouvement vers l'universel». Entretien avec Arnaud Zohou. Revue *De(s)générations* n°22, *Penser avec l'Afrique.* Jean-Pierre Hughet Éditeur, Saint-Julien Molin-Molette, mai 2015.

HADOT Pierre, 2002. «Conversion», in *Exercices spirituels et philosophie antique.* Éditions Albin Michel, Paris.

GONDRAN Natacha, 2015: «L'empreinte écologique: vers un nouveau paradigme pour l'évaluation de la durabilité?». http://www.researchgate.net/profile/Natacha_Gondran.

GUYON Étienne et MAITTE Bernard, 2008. «Le partage des savoirs scientifiques», *La revue pour l'histoire du CNRS* [En ligne, 2010, http://histoire-cnrs.revues.org/8322].

MBEMBE Achille, 2015. «L'Afrique planétaire». Revue *De(s)générations* n°22, *Penser avec l'Afrique.* Jean-Pierre Hughet Éditeur, Saint-Julien Molin-Molette, mai 2015.

NABIL NOFAL Mohamed, 2014. «Al-Ghazali (1058-1111): sa vie, sa pensée philosophique et religieuse», in *Les cahiers de l'Islam*, revue en ligne (www.lescahiersdelislam.fr).

ROUVROY Antoinette, 2014. «*Big data is algorithming you*». Entretien recueilli par Pierre Alonso, in *Article 11* n°17, juillet-août-septembre 2014. Imprimé par l'Association Article 11, Saint-Denis, pp. 13-14.

ROUVROY Antoinette et STIEGLER Bernard, 2015. « Le régime de vérité numérique », rencontre. In *Socio* n°4 « Le tournant numérique,... et après ? ». Dana Diminescu, Michel Wieviorka (dir.). Les éditions de la Maison des Sciences de l'Homme, Paris 2015, pp. 113-140.

Bulletins / Revues

Alliage. Culture - Science - Technique. Revue fondée en 1989 par J.M. LEVY-LEBLOND et éditée par Alliage, Nice.

Article 11 n°17, juillet-août-septembre 2014. Édité par l'Association Article 11, Saint-Denis.

Bulletin de l'AMCSTI - les sciences et techniques en culture n°35, novembre 2011. « De la place des sciences humaines et sociales ». Édité par l'AMCSTI, Dijon.

De(s)générations n°22, mai 2015. « Penser avec l'Afrique » et *De(s)générations* n°23, mai 2015. « Prévoir avec l'Afrique, agir dans le monde qui vient ». Jean-Pierre Huguet Éditeur, Saint-Julien Molin-Molette.

Réseaux. Communication - Technologie - Société, volume 11, n°60, 1993/4. « Les médiations ». Éditions de la Découverte, Paris.

La Revue internationale des livres et des idées n°15, janvier-février 2010. « Bienvenue dans l'anthropocène », Éditions Amsterdam, Paris.

Socio n°4, 2015. « Le tournant numérique... et après ? ». Dana Diminescu, Michel Wieviorka (rédacteurs). Les Éditions de la Maison des Sciences de l'Homme, Paris, pp. 113-140.

Films documentaires

SIMONDON Gilbert, 1968. « Entretien sur la mécanologie ». Produit par l'Office National du Film du Canada, et conduit par Jean Le Moyne. http://www.youtube.com/watch?v=VLkjI8U5PoQ#t=348 (3 parties).

ZOHOU Arnaud, 2012. *Rituels de la science, science du rituel.* Contrepoint productions et Atlantic 41. DVD inclus dans l'ouvrage *Troisièmes Ateliers sur la contradiction,* Bernard GUY (dir.), Les Presses des Mines, Paris 2014.

Dictionnaires / Encyclopédies

COLLECTIF. *Le Grand Larousse illustré 2015*, 2014. Le Larousse, Paris.

REY Alain (dir.), 2005. *Dictionnaire culturel en langue française.* 4 volumes. Le Robert, Paris.

WIKIPEDIA. https://fr.wikipedia.org/, encyclopédie collaborative en ligne, modifiée continuellement.

WITKOWSKI Nicolas (dir.), 2003. *Dictionnaire culturel des sciences.* Éditions du Regard, Paris.

Sites / Blogs

www.agoravox.fr

www.amscti.fr

www.arsindustrialis.org

www.ccne-ethique.fr

www.ccsti-larotonde.com

www.designquantique.fr

www.epidemic.net

http://fing.org

http://floksociety.org

www.foulefactory.com

www.gnu.org

www.inmediats.fr

www.inria.fr

www.institutgodin.fr

http://joellelemarec.fr

www.knowtex.com

http://laicite-aujourdhui.fr

www.livingknowledge.org

www.mysciencework.com

www.r2sciences42.com

http://sciencescitoyennes.org

www.sciences-et-democratie.net

www.scientificamerican.com

http://toutestquantique.fr

Table des matières

trèfle
Achevé d'imprimer
par TREFLE Communication – LEREVEREND, Paris
en octobre 2015
N° d'impression : 8800
dépôt légal : octobre 2015

Imprimé en France